建设社会主义新农村图示书系
北京市果类蔬菜产业创新团队资助

郑　翔　郑建秋　编著

中国农业出版社

前　言

番茄是人们喜欢食用的蔬菜，可以生食、熟食和做酱，在我国广泛种植，是蔬菜作物中种植面积最大的品种。

番茄病虫害有数十种之多，由于种植地区、种植方式、管理水平、品种差异等，其在田间发生表现情况复杂，生理病害和疑难病虫相对较多，尤其是近些年多种新病虫相继发生，如番茄根结线虫病、黄化曲叶病毒病等，给番茄产业造成了巨大损失。鉴于番茄病虫种类多、症状复杂，造成的损失严重，防治时施用农药比较频繁，多品种农药混用和超量用药比较普遍，有的甚至药不对症，不但增加了生产成本，还造成了对菜田环境和产品的污染。应中国农业出版社之邀，我们编写了《图说番茄病虫害防治关键技术》一书。

这本书是笔者在深入生产一线进行番茄病虫诊断、试验和防治实践的基础上，广泛吸收专家和农民朋友的相关技术与经验，针对农民朋友的生产和阅读实际情况编写的。书中文字浅显，生态图片直观，简单、明了地介绍了病虫识别特征、为害特点、发生时期及发生规律、防控措施和使用药剂等，对在田间容易混淆的病虫介绍了简单的比较方法。根据笔者的体会，还尝试性制作了番茄冬春茬、夏秋茬大棚生产季节历，并介绍了几项农民朋友可以借鉴的实用小技巧，期望这本小册子对农民朋友生产无公害优质番茄有所帮助。

限于能力和水平，书中肯定存在错误与疏漏，恳请读者批评指正。

作　者

2011年10月27日

目 录

一、番茄病害

番茄猝倒病

［症状识别］幼苗出土，子叶开始舒展而真叶尚未展开时染病，或幼苗茎基部呈水渍状软腐，病部收缩，幼茎变细后倒伏死亡。

番茄猝倒病田间为害状

番茄猝倒病病苗

［发病条件］低温高湿容易发病，地温长时间低于15℃，苗床高湿、光照不足、通风不良、管理不当或幼苗徒长等都极易引发猝倒病，冬、春育苗期遇连续阴雨、下雪会引起猝倒病大发生。

［传播途径］通过雨水、浇水和病土传播，带菌肥料也可传病。

［防控措施］

(1) 采用基质穴盘、育苗块育苗或电热温床育苗。

(2) 育苗前进行苗床土消毒。

（3）发病初期，及时拔除病苗，撒药土控制，快速提升苗床温度达25℃以上。

药剂防治

防治对象	病原物	药剂名称	剂型	施用方式	施用浓度
猝倒病	鞭毛菌 瓜果腐 霉菌	0.5%小檗碱	水剂	喷雾+灌根	500倍液
		99%恶霉灵	可湿性粉剂	拌药土	1～2千克/亩*
		72%霜脲·锰锌	可湿性粉剂	拌药土 喷雾+灌根	3～4千克/亩 600倍液
		69%安克·锰锌	可湿性粉剂	拌药土 喷雾+灌根	3～4千克/亩 800倍液

拌药土苗床消毒：苗床备好后，筛细土30～60千克/亩和药剂拌匀后2/3覆盖床面，播种后1/3盖种，可用细沙代替细土

番 茄 立 枯 病

［症状识别］刚出土幼苗发病较多。病苗茎基部变褐，逐渐收缩变细，导致嫩叶萎蔫下垂；稍大幼苗病部初生椭圆形暗褐色斑，并伴有同心轮纹及淡褐色蛛丝状霉层，随病害发展白天萎蔫，夜间恢复，当病斑绕茎一周时，幼苗逐渐枯死，但不倒伏。

［发病条件］病菌发育温度0～40℃，适宜温度为24℃，适宜pH为3～9.5。播种过密、间苗不及时、肥料烧根、温度过高易诱发本病。

［传播途径］主要通过病土和带菌有机肥传播。

［防控措施］

（1）采用基质穴盘、育苗块育苗，苗肥一定充分腐熟。

（2）育苗前进行苗床土消毒。

番茄立枯病病苗

* 亩为非法定计量单位。1亩＝1/15公顷。——编著注

（3）发病初期及时拔除病苗，撒药土控制。

药剂防治

防治对象	病原物	药剂名称	剂型	施用方式	施用浓度
立枯病	半知菌 立枯丝 核菌	0.5%小檗碱	水剂	喷雾+灌根	500倍液
		99%恶霉灵	可湿性粉剂	拌药土	1～2千克/亩
		70%霜脲·锰锌	可湿性粉剂	拌药土 喷雾+灌根	4～5千克/亩 600倍液
		50%异菌脲	可湿性粉剂	拌药土 喷雾+灌根	2～3千克/亩 1 000倍液

拌药土苗床消毒：苗床备好后，筛细土30～60千克/亩和药剂拌匀后2/3覆盖床面，播种后1/3盖种，可用细沙代替细土

番茄苗期疫病

[症状识别] 此病多在植株幼嫩期发生，生长后期可为害果实。根、茎部受害初期病部呈暗绿色水渍状坏死，很快即软化腐烂致幼株倒折，空气潮湿时在病部表面产生少许白色霉状物，空气干燥则病部失水缢缩。

[发病条件] 鞭毛菌寄生疫霉菌，病菌生长温度8～38℃，适宜温度30℃，要求相对湿度高于95%。夏季播种后遇大雨或田间积水容易发病。

[传播途径] 通过雨水或浇水传播蔓延。

[防控措施]

（1）苗床土消毒。

番茄疫病病株

番茄苗期疫病田间为害状

（2）发病初期及时拔除病苗，保持土壤干燥。

药剂防治参见猝倒病。

几种苗期死苗的主要区别

病害	猝倒病	立枯病	苗期疫病
共同点	在育苗期、定植期、缓苗期发生为害，造成番茄幼苗死亡		
不同点	冷凉时期小苗易发病，发展速度快，基部明显缢缩，幼苗鲜嫩时即倒折	小苗、大苗都发生，苗肥未腐熟、管理不当、伤根易发病，发展较慢，逐渐萎蔫，幼苗直立枯死	夏、秋苗床积水，大苗和幼株基部软化腐烂、萎蔫死亡或倒伏，无明显缢缩

番茄根肿病

[症状识别] 根部形成向外突出的近圆球形肿瘤，肿瘤大小、数量和形状差异较大，颜色由乳白色变成黄褐色，后呈暗褐色，最后腐烂，病

番茄根肿病田间为害状

番茄根肿病病根

苗随之萎蔫枯死。

［发病条件］气温18～25℃，土壤含水量70%～90%利于发病。

［传播途径］主要通过雨水、浇水和土壤传播。

［防控措施］

（1）无病土育苗，实行无病苗移栽。

（2）雨后及时排水，防止积水。零星发病时及时拔除病苗，带田外妥善处理。

药剂防治

防治对象	病原物	药剂名称	剂型	施用方式	施用浓度
根肿病	鞭毛菌马铃薯粉痂菌	72%霜脲·锰锌	可湿性粉剂	灌根	600倍液
		72.2%普力克	水剂	灌根	600倍液
		生石灰	粉	撒施	300千克/亩

番茄基腐病

［症状识别］植株茎基部形成不规则褐色凹陷病斑，病部表面产生蛛丝状菌丝，后期有时可形成黑褐色大小不等的颗粒状菌核。随病害发展叶片变黄，植株枝叶由下向上逐渐萎蔫枯死。

番茄茎基腐病田间为害状

番茄茎基腐病病株

［发病条件］根系受伤、高温高湿易发生，多雨、低洼、黏重的土壤发病较重。

［传播途径］通过浇水、雨水传播蔓延。

［防控措施］

（1）选用无病土育苗，防止根系受伤。

（2）必要时参考立枯病防治。

番茄花叶病毒病

［症状识别］叶色褪绿，生长缓慢，出现均匀的网状花叶或黄绿相间的不规则斑驳。

［发病条件］高温、干旱、蚜虫为害重，植株生长势衰弱、重茬等利于发病。

［传播途径］主要通过蚜虫传播。

［防控措施］一般发生很轻，无须防治。

番茄花叶病毒病病株

番茄蕨叶病毒病

［症状识别］植株矮化，顶部叶片细长，不扩展，筒状卷曲，中、下部叶片上卷，结果小或畸形。

番茄蕨叶病毒病病株

番茄蕨叶病毒病病株

番茄蕨叶病毒病田间为害状

［发病条件］多在秋季棚室发生，高温、干旱、蚜虫为害重，植株生长势衰弱、重茬等利于发病。

［传播途径］主要通过蚜虫传播。

［防控措施］

（1）种子消毒，10%磷酸三钠浸种20～30分钟，反复冲洗干净。

（2）施足底肥，合理施肥，增强植株抗病能力。

（3）棚室覆盖遮阳网、防虫网，早期防蚜。

药剂防治

防治对象	病原物	药剂名称	剂型	施用方式	施用浓度
蕨叶病毒病	黄瓜花叶病毒	1.5%植病灵	乳剂	喷雾	1 000倍液
		20%病毒A	可湿性粉剂	喷雾	500倍液

番茄条斑病毒病

［症状识别］中、上部叶片散生黄褐至黑褐色不规则坏死斑，茎、枝条形成不规则褐色坏死条斑。

［发病条件］多在露地发生，高温、干旱、蚜虫为害重、植株生长势衰弱、重茬等利于发病。

［传播途径］主要通过汁液接触传染，也可通过蚜虫、机械传播。

番茄条斑病毒病病果

番茄条斑病毒病病茎

[防控措施]

(1) 种子消毒，10%磷酸三钠浸种20～30分钟，反复冲洗干净。

(2) 施足底肥，合理施肥，增强植株抗病能力。

(3) 覆盖遮阳网或间作玉米、架豆、向日葵等高秆作物。

药剂防治

防治对象	病原物	药剂名称	剂型	施用方式	施用浓度
条斑病毒病	烟草花叶病毒 马铃薯X病毒	1.5%植病灵	乳剂	喷雾	1 000倍液
		20%病毒A	可湿性粉剂	喷雾	500倍液

番茄斑萎病毒病

[症状识别] 此病全生育期均可发生。苗期染病幼叶呈铜色上卷，以后形成许多小黑点，叶背面叶脉变紫。茎上产生褐色坏死条斑，植株矮化或呈半边生长，严重时萎蔫，不能正常开花结果。果实染病，出现褪绿环斑，中央突起，具不明显轮纹。严重时全果僵缩。

番茄斑萎病毒病病果

[发病条件] 高温、干旱及蓟马发生较重利于发病。

［传播途径］汁液接触传染，种子亦传播。生长期主要通过多种蓟马进行持久性传毒。

［防控措施］

（1）种子消毒，10%磷酸三钠浸种20～30分钟，反复冲洗干净。

（2）苗期和定植后施药防治传毒蓟马。

番茄斑萎病毒病病果

药剂防治

防治对象	病原物	药剂名称	剂型	施用方式	施用浓度
斑萎病毒病	番茄斑萎病毒	1.5%植病灵	乳剂	喷雾	1 000倍液
		20%病毒A	可湿性粉剂	喷雾	500倍液

番茄黄化曲叶病毒病

［症状识别］植株节间缩短、矮化，叶片变小、黄化、卷曲，边缘亮黄色，花朵减少，开花延迟，坐果少而小，成熟期果实转色不正常，且成熟不均匀。

番茄黄化曲叶病毒病初期症状

番茄黄化曲叶病毒病前期症状

番茄黄化曲叶病毒病中期症状

番茄黄化曲叶病毒病中后期症状

番茄黄化曲叶病毒病为害果实

番茄黄化曲叶病毒病后期症状

番茄黄化曲叶病毒病传毒介体——烟粉虱（成虫）

［发病条件］植株生长势衰弱、高温、干旱、有烟粉虱发生利于发病。

［传播途径］带毒烟粉虱传播，带毒种苗传播。

［防控措施］

（1）选用抗病品种，目前综合性状很好的抗病品种不多，大果型品种可选：金棚10号、金棚11号（粉）、金棚A150号、金棚901号、欧拉、朝研KT-10、达纳斯、荷兰8号、302（红）、迪抗、超级红宝、迪维斯、超级红运、格纳斯、福克斯、泰克、迪粉特、德塞T-9、安诺尔F_1、以色列2012 F_1、大卫、歌德、库克、威霸0号、威霸1号、威霸5号；樱桃番茄可选：戴尔蒙德、圣樱A型、迪兰妮、粉妹1号、千粉1101 F_1、千粉1106 F_1、千粉1109 F_1、安德利2号 F_1、粉牡丹、台南红丽2号 F_1、迪丽斯系列（1号、2号、3号）、圣桃3号、梅多。

（2）培育无病苗，育苗前棚室消毒灭虫，风口覆盖50～60目防虫网，挂黄板诱杀烟粉虱。

（3）无病栽培，移栽前灭虱清园，风口覆盖50～60目防虫网，移栽无病苗。

（4）拉秧番茄植株灭虫处理，夏季闭棚高温闷杀，严冬开棚冷冻。

药剂防治

防治对象	病原物	药剂名称	剂型	施用方式	施用浓度
黄化曲叶病毒病传毒介体烟粉虱	双生病毒菜豆金色花叶病毒	10%吡丙醚	乳油	喷雾	1 000～1 500倍液
		2.5%联苯菊酯	乳油	喷雾	2 000～2 500倍液
		25%噻嗪酮	可湿性粉剂	喷雾	1 000～1 500倍液
		3%啶虫脒	乳油	喷雾	1 000～1 500倍液

番 茄 灰 霉 病

［症状识别］多在花期或坐果以后发病，造成果实果柄附近和果脐部腐烂，在病部形成灰褐至黄褐色水渍状坏死斑，以后软化腐烂，在病部

表面产生浓密灰色霉层。叶片上多形成V字形或近圆形黄褐色具同心轮纹的病斑，幼苗得病多造成坏死腐烂。

[发病条件] 低温潮湿，棚室温度20℃左右，湿度90%左右，植株表面结露易发病。

番茄灰霉病初期病果

番茄灰霉病为害果蒂

番茄灰霉病接触感染

番茄灰霉病侵染柱头

番茄灰霉病病叶

[传播途径] 主要通过气流、病残体、农事操作传播。主要在花期和果实膨大期侵染。

[防控措施]

(1) 育苗和移栽前采用药剂或臭氧进行棚室表面消毒灭菌。

(2) 采取局部二期联防预防烂果，即开花期和果实膨大期，浇催果水前采用药剂重点针对花和果实喷雾防治。

(3) 发现病叶、病果及时摘除，放入塑料袋中带出棚外妥善处理。

(4) 增加通风，控制田间温、湿度，果实坐住后将幼果上残留的花瓣和柱头摘除。

药剂防治

防治对象	病原物	药剂名称	剂型	施用方式	施用浓度
灰霉病	半知菌灰葡萄孢菌	0.5%小檗碱	水剂	喷雾	500倍液
		40%嘧霉胺	悬浮剂	喷雾	800 ~ 1 200倍液
		2%武夷菌素	水剂	喷雾	300 ~ 400倍液
		65%甲霉灵	可湿性粉剂	喷雾	500倍液
		45%特克多	悬乳剂	喷雾	1 000倍液
棚室表面消毒：空棚室时选用防治灰霉病的较浓药液均匀喷洒棚膜、地面、墙壁、立柱、架材等；或采用自控臭氧消毒常温烟雾施药机自动释放臭氧消毒灭菌					

番茄早疫病

[症状识别] 染病后在叶片、叶柄、分枝和茎秆上形成椭圆形至不规则形褐色同心轮纹坏死斑，表面粗糙，空气潮湿时病斑表面均产生灰黑色霉状物。在果实上多在果柄附近形成黑褐色坏死坑状大斑，病果往往提前变红。

番茄早疫病病果

[发病条件] 日温20 ~ 25℃，夜

番茄早疫病病叶

番茄早疫病病株

番茄早疫病病茎

番茄早疫病病果穗

番茄早疫病田间为害状

温12～15℃，湿度80%（或叶面结露），植株生长衰弱易发病。

［传播途径］通过病菌孢子借气流、雨水多次传播和侵染，可从气孔、皮孔或表皮直接侵入。

［防控措施］

（1）增施有机底肥，生长期适时追肥和浇水，增强植株抗病力。

（2）生长期、收获后及时清除病叶，减少菌源。

药剂防治

防治对象	病原物	药剂名称	剂型	施用方式	施用浓度
早疫病	半知菌茄链格孢菌	58%甲霜·锰锌	可湿性粉剂	喷雾	800倍液
		70%代森·锰锌	可湿性粉剂	喷雾	600倍液
		47%加瑞农	可湿性粉剂	喷雾	600～800倍液

番茄晚疫病

[症状识别] 叶片上出现暗绿色水渍状病斑，迅速扩展后形成褐色坏死大斑；苗期发病致幼苗坏死萎蔫或倒折，湿度高时病部表面产生稀疏白霉；在茎部、枝杈上形成不规则褐色坏死斑，果实上形成不规则云纹病斑，表面粗糙。

[发病条件] 低温高湿、植株表面结露易发病。日温低于24℃，夜温高于10℃，空气湿度85%以上，叶面有露水即可发病。

番茄晚疫病病果穗

番茄晚疫病初期病斑

番茄晚疫病中期病斑

番茄晚疫病初期病果

番茄晚疫病病株

番茄晚疫病后期病果

番茄晚疫病田间为害状

番茄晚疫病病叶背面

[传播途径] 通过气流、浇水和农事操作传播蔓延。

[防控措施]

(1) 发现中心病株及时摘除病叶，放入塑料袋中带出棚外妥善处理。

(2) 发现病株马上施药防治，控制浇水，并提高温度管理水平。

(3) 用药后最好进行高温闷棚，使棚室温度维持在30℃以上，38℃

以下，维持2小时以上。

药剂防治

防治对象	病原物	药剂名称	剂型	施用方式	施用浓度
晚疫病	鞭毛菌致病疫霉菌	72%霜脲·锰锌	可湿性粉剂	喷雾	600倍液
		69%烯酰·锰锌	可湿性粉剂	喷雾	600～800倍液
		69%安克·锰锌	可湿性粉剂	喷雾	800倍液

番 茄 斑 枯 病

[症状识别] 叶片染病，形成边缘褐色，中央灰白色、圆形至近圆形坏死斑，略凹陷。空气干燥时病组织脱落穿孔，空气潮湿时病斑连片致多数叶片坏死。

番茄斑枯病中期病叶

番茄斑枯病初期病叶

番茄斑枯病病果

番茄斑枯病病茎

番茄斑枯病病果

番茄斑枯病田间为害状

[发病条件] 温度25℃左右，湿度95%以上，光照较弱，病害易发生流行，植株生长衰弱发病严重。

[传播途径] 病菌通过风雨传播，也可以通过雨水反溅传播。

[防控措施]

（1）施足有机底肥，增施磷、钾肥，注意后期追肥。

（2）采用无病种子，可用52℃温水浸种30分钟进行种子灭菌。

药剂防治

防治对象	病原物	药剂名称	剂型	施用方式	施用浓度
斑枯病	半知菌番茄壳针孢菌	45%特克多	悬浮剂	喷雾	1 000倍液
		10%世高	水分散剂	喷雾	8 000倍液
		25%阿米西达	悬浮剂	喷雾	1 000～1 500倍液

番 茄 炭 疽 病

[症状识别] 下部叶片上形成近圆形红褐色坏死病斑，边缘颜色较深，相互连接致叶片枯死。果实上出现黄褐色凹陷病斑，具同心轮纹，其上密生黑色小点，空气潮湿时产生淡红色黏稠物，后导致果实腐烂或脱落，干燥时形成萎缩僵果。

番茄炭疽病病果

[发病条件] 温度25～32℃，湿度较高适宜发病。

番茄炭疽病初期病果

番茄炭疽病中期病果

番茄炭疽病后期病果

番茄炭疽病病叶

[传播途径] 病菌通过雨水溅射传播。

[防控措施]

(1) 雨后防止田间积水，尽量避免高温高湿。

(2) 及时清除田间病残果。

药剂防治

防治对象	病原物	药剂名称	剂型	施用方式	施用浓度
炭疽病	半知菌番茄刺盘孢菌	10%世高	水分散剂	喷雾	800～1 000倍液
		70%甲基托布津	可湿性粉剂	喷雾	600倍液
		0.5%小檗碱	水剂	喷雾	500倍液
		47%加瑞农	可湿性粉剂	喷雾	600～800倍液

番 茄 灰 斑 病

[症状识别] 此病主要为害叶片，重时亦侵染茎秆和果实。叶片受害，出现椭圆形至近圆形灰绿色至黄褐色大型病斑，具不明显轮纹。茎部受害多形成黄褐色至灰褐色不定形坏死病斑，易从病部折断或半边枯死。果实上出现近圆形水渍状坏死病斑，产生轮纹状浅褐色至黄褐色颗粒。

番茄灰斑病病果

番茄灰斑病病叶

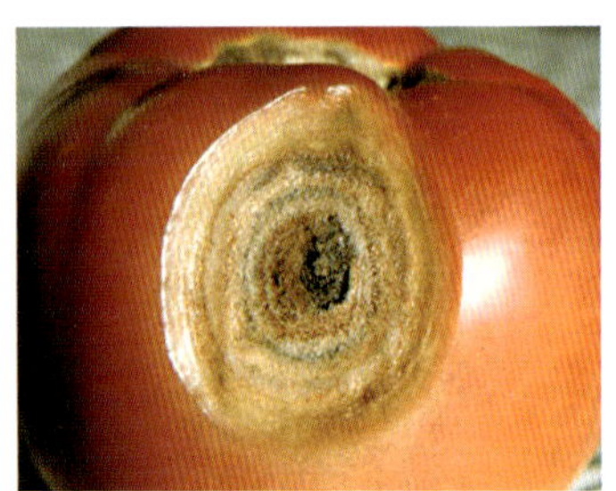
番茄灰斑病病果上病斑放大

番茄灰斑病病茎

[发病条件] 温度20℃左右，空气潮湿利于发病。

[传播途径] 病菌借气流、雨水、浇水和田间管理扩散蔓延。

[防控措施]

（1）与非茄科作物实行2年以上轮作。

（2）收获后及时彻底清除病残组织，集中妥善处理，减少田间菌源。

药剂防治

防治对象	病原物	药剂名称	剂型	施用方式	施用浓度
灰斑病	半知菌 番茄壳二孢菌	70%甲基托布津	可湿性粉剂	喷雾	600倍液
		50%扑海因	可湿性粉剂	喷雾	1 000倍液
		45%特克多	悬浮剂	喷雾	1 000倍液

番茄疮痂病

[症状识别] 此病为害叶、茎和果实。叶片上形成近圆形至不规则形褐色坏死病斑，边缘明显，有褪绿晕环；茎部形成暗褐色不规则疮痂状稍隆起病斑；果实上形成中央凹陷边缘隆起的暗褐色疮痂状病斑。

[发病条件] 温度27～30℃，湿度80%以上即可发病。番茄生长期高温高湿或降雨次数多，利于发病。

[传播途径] 病菌主要通过雨水传播，种子可以带菌，昆虫也可传

番茄疮痂病病叶

番茄疮痂病病茎

番茄疮痂病病果

播，由伤口或气孔侵入。

[防控措施]

(1) 选用无病种子，或用种子重量0.3%的47%加瑞农可湿性粉剂拌种，或用1%稀酸（如稀盐酸）浸种10～20分钟充分洗净后晾干播种。

(2) 采用高垄地膜滴灌，或膜下暗灌，或管灌等方式栽培。

(3) 加强水肥管理，露水干后进行操作管理，尽量减少各种伤口。

药剂防治

防治对象	病原物	药剂名称	剂型	施用方式	施用浓度
疮痂病	黄单胞杆菌甘蓝黑腐菌 黄单胞杆菌辣椒疮痂致病变种	47%加瑞农	可湿性粉剂	喷雾+浇根	800倍液
		77%可杀得	可湿性粉剂	喷雾+浇根	500倍液
		0.5%小檗碱	水剂	喷雾	500倍液
		新植霉素		喷雾	5 000倍液

番茄细菌性褐斑病

[症状识别] 叶片染病，密生不定形、大小差异大的灰白至灰褐色下陷坏死小斑；边缘颜色较深，具油渍状光泽，相互连接成不规则坏死斑；叶柄染病，产生不定形褐色凹陷坏死小斑；果实染病，出现褐色疮痂状小斑，病斑周围组织推迟红熟。

[发病条件] 冷凉潮湿、低温多雨利于发病。

［传播途径］此病由细菌引起，病菌通过雨水飞溅、浇水传播，田间整枝、打杈、采收等农事操作也可传播病害。

［防控措施］参见疮痂病。

番茄细菌性褐斑病病叶

番茄叶霉病

［症状识别］叶片正面出现淡黄色，边缘不明显的小型病斑，叶背面出现不规则或椭圆形淡黄或淡绿色的褪绿斑，初生白色霉层，后变成灰褐色或黑褐色绒状霉层。下部叶片先发病，向上部叶片蔓延。

［发病条件］温暖高湿利于发病，即温度20～25℃，湿度90％以上易发病。

番茄叶霉病病叶正、反面

番茄叶霉病初期病叶

番茄叶霉病中期病叶

番茄叶霉病田间为害状（中期）

番茄叶霉病病株（后期）

[传播途径] 病菌通过空气传播，从叶背的气孔侵入。

[防控措施]

(1) 育苗和移栽前采用药剂或臭氧进行棚室表面消毒灭菌。

(2) 及时清除下部老叶片，以便通风透光，浇水后避免闷棚。

药剂防治

防治对象	病原物	药剂名称	剂型	施用方式	施用浓度
叶霉病	半知菌黄枝孢霉菌	2%武夷菌素	水剂	喷雾	300～400倍液
		0.5%小檗碱	水剂	喷雾	500倍液
		10%世高	水分散剂	喷雾	8 000倍液
		47%加瑞农	可湿性粉剂	喷雾	600～800倍液

番茄煤污病

[症状识别] 叶片正面或背面产生平铺状灰黑色至黑褐色霉堆。

[发病条件] 此病由半知菌多主枝孢霉和大孢枝孢霉真菌感染，多腐生。荫蔽潮湿，蚜虫、白粉虱严重，植株生长衰弱利于发病。

[传播途径] 借气流及蚜虫、白粉虱等传播。

番茄煤污病病果

番茄煤污病叶片局部症状

［防控措施］

（1）及时防治蚜虫、白粉虱等害虫。

（2）合理密植，改善田间通透条件，雨后及时排水，浇水后及时通风排湿。

（3）收获后彻底清除病残植株，减少田间病源。

番茄褐斑病

［症状识别］叶片上形成近圆形灰褐色小型坏死斑，大病斑有轮纹。

［发病条件］高温高湿，特别是高温多雨季节病害易流行。番茄地潮湿、积水，番茄长势差，发病较重。

［传播途径］借气流、雨水、灌溉水传到寄主上，从气孔、皮孔或伤口侵入。

番茄褐斑病病株

［防控措施］

（1）及时清除病叶，收获结束后彻底将病残体集中烧毁或深埋。

（2）高畦或高垄栽培，防止畦面积水，确定适当种植密度，及时打去底部老叶，降低田间湿度，改善田间通透性。

药剂防治

防治对象	病原物	药剂名称	剂型	施用方式	施用浓度
褐斑病	半知菌 番茄长蠕孢霉菌	70%甲基托布津	可湿性粉剂	喷雾	600倍液
		40%福星	乳油	喷雾	8 000倍液
		0.5%小檗碱	水剂	喷雾	500倍液

番茄煤霉病

［症状识别］叶片背面产生圆形至不规则形浅黄色至黄褐色病斑，边缘不明显。条件适宜时病斑表面产生浅褐色绒毛状霉层，严重时致病叶

番茄煤霉病病叶背面

番茄煤霉病病叶正面

萎蔫枯死。

［发病条件］适宜发病温度15 ～ 38℃；最适发病温度为25 ～ 32℃，相对湿度90%以上；成株至坐果期最容易感病。

［传播途径］通过雨水反溅或气流传播到番茄上引起初次侵染，发病后借风雨传播，进行多次再侵染。

［防控措施］参见褐斑病。

药剂防治

防治对象	病原物	药剂名称	剂型	施用方式	施用浓度
煤霉病	半知菌煤污尾孢霉菌	25%阿米西达	悬浮剂	喷雾	1 000 ~ 1 500倍液
		2%武夷菌素	水剂	喷雾	300 ~ 400倍液
		0.5%小檗碱	水剂	喷雾	500倍液

番茄白粉病

［症状识别］生长中后期发生，由下部叶片向上发展。叶片上形成较明显的大小不等粉状斑，相互汇合致整叶布满白粉，染病叶片颜色褪绿，最终致叶片萎黄，全株枯死。

［发病条件］多在棚室内发生，发病温度20 ~ 25℃，湿度80%左右，温暖潮湿有利于发病。

［传播途径］主要通过气流传播。

［防控措施］

（1）定植前温室或大棚进行硫黄熏蒸消毒，用硫黄0.25 ~ 0.5千克/

番茄白粉病中期病叶

番茄白粉病后期病叶

亩，加锯末7.5～15千克，闭棚熏蒸。

（2）番茄生长期注意通风透光，降低田间湿度。

药剂防治

防治对象	病原物	药剂名称	剂型	施用方式	施用浓度
白粉病	子囊菌蓼白粉菌	0.5%小檗碱	水剂	喷雾	500倍液
		25%阿米西达	悬浮剂	喷雾	1 000～1 500倍液
		2%武夷菌素	水剂	喷雾	200倍液

番茄枯萎病

［症状识别］发病初期茎秆一侧自下而上出现凹陷病斑，致一侧叶片发黄，逐渐变褐后枯死；有的半个叶序或半边叶变黄，剖开病茎，维管束变褐。湿度大时，病部表面产生粉红色霉层。病株茎髓部不变空，区别于溃疡病。

［发病条件］土温28℃左右，根系受伤利于发病。

［传播途径］病菌从幼根或伤口侵入，随水传播。

［防控措施］

（1）选用抗病品种，或采取与其他蔬菜轮作。

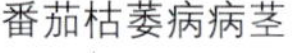
番茄枯萎病病茎

番茄枯萎病病茎横切面

番茄枯萎病病茎斜切面

番茄枯萎病田间为害状（中期）

番茄枯萎病田间为害状（后期）

（2）用50%多菌灵可湿性粉剂300倍液浸种60分钟，培育无病苗。

（3）定植前进行苗床土壤消毒。

药剂防治

防治对象	病原物	药剂名称	剂型	施用方式	施用浓度
枯萎病	半知菌 小镰孢菌 番茄专化型	0.5%小檗碱	水剂	灌根	500倍液
		99%恶霉灵	可湿性粉剂	灌根	3 500～4 000倍液
		50%多菌灵	可湿性粉剂	灌根	500倍液

番茄青枯病

[症状识别] 初期病株白天萎蔫，傍晚恢复，病叶变成浅绿色，最后萎蔫死亡。病茎维管束变为褐色，横切病茎，用手挤压或经保湿，有白色菌液溢出，病害发展迅速，严重病株7～8天即死亡。

番茄青枯病病株

[发病条件] 土温20℃开始发病，25℃以上病情严重，植株大量死亡，酸性土壤利于发病。

[传播途径] 病菌从根部或茎基部伤口侵入，主要通过雨水和田间灌溉传播，病苗及带菌肥料也可带菌传播。

[防控措施]

（1）用无病土育苗，旧苗床要更换新土或用1 ： 50的福尔马林液喷洒床土。

（2）定植前结合整地撒施生石灰50～100千克/亩，调节土壤pH，减少田间发病。

药剂防治

防治对象	病原物	药剂名称	剂型	施用方式	施用浓度
青枯病	假单胞青枯菌	0.5小檗碱	水剂	喷雾+灌根	500倍液
		47%加瑞农	可湿性粉剂	喷雾+灌根	600～800倍液
		20%噻菌铜	悬浮剂	喷雾+灌根	1 000～1 200倍液
		77%可杀得	可湿性粉剂	喷雾+灌根	500倍液

番茄溃疡病

[症状识别] 幼苗发病真叶由下向上萎蔫坏死，嫩茎或叶柄上产生凹陷坏死斑，剖茎可见维管束变色，终致幼苗枯死。成株发病多由下向上，由局部枝叶向全株发展。在叶柄、侧枝或主茎上形成灰白至灰褐色条状

枯斑，剖茎可见髓部变空，维管束变褐。果实染病，表面产生边缘乳白色“鸟眼”斑。病株上长出的病果多为空心畸形果。

［发病条件］发病温度25～27℃，温暖潮湿、多阴雨或多暴雨或长时间结露有利于发病。

［传播途径］病菌从伤口侵入，带病种苗是病害传播的主要途径，发病后通过田间操作、浇水或施用带有病残体的未腐熟有机肥传播。雨水也可传播，夏季多雨，温室高湿，此病极易发生。

［防控措施］

（1）选用无病种子，或用种子重量0.3%的47%加瑞农可湿性粉剂拌

番茄溃疡病病茎

番茄溃疡病病株

番茄溃疡病病茎（根突）

番茄溃疡病大田为害状

番茄溃疡病病茎

番茄溃疡病病株

番茄溃疡病病株

番茄溃疡病病茎横切面

番茄溃疡病病果剖面

番茄溃疡病病果（内部带菌）

种，或用1%稀酸（如稀盐酸）浸种10～20分钟充分洗净后晾干播种。

（2）与非茄科蔬菜实行轮作，高垄栽培。

（3）采用高垄地膜滴灌，或膜下暗灌或管灌等方式栽培。

（4）加强水肥管理，露水干后进行操作管理，尽量减少各种伤口。

番茄溃疡病病果（外部带菌）

药剂防治

防治对象	病原物	药剂名称	剂型	施用方式	施用浓度
溃疡病	密执安棒杆菌密执安亚种	47%加瑞农	可湿性粉剂	喷雾+浇根	800倍液
		77%可杀得	可湿性粉剂	喷雾+浇根	500倍液
		20%噻菌铜	悬浮剂	喷雾+灌根	1 000～1 200倍液

番茄根结线虫病

[症状识别] 此病主要为害根系，造成植株矮小、畸形、结果少或不结果，在须根和侧根上产生浅黄色串珠状根结，或形成肥大畸形瘤状根结。随病情发展，植株萎蔫至整株枯死。

番茄苗期根结线虫病病根

番茄苗期根结线虫病田间为害状

番茄苗期根结线虫病为害状

番茄根结线虫病地上植株被害状

番茄根结线虫病病根

根结内雌线虫

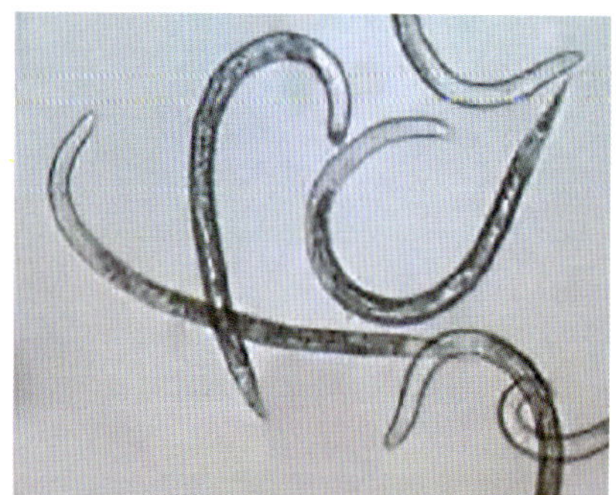
根结线虫雄线虫

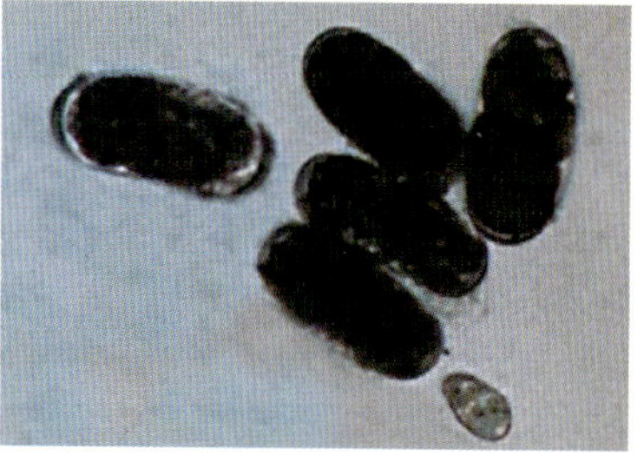
根结线虫卵块

[发病条件] 土温25～30℃，含水量40%左右线虫发育最快。

[传播途径] 带病植株或幼苗，带病土壤、农具等传播。

[防控措施]

(1) 选用抗线虫品种，如仙客5、仙客6、仙客8、秋展16等。

(2) 育苗前必须用药剂处理土壤，或采用无病土育苗。

药剂防治

防治对象	病原物	药剂名称	剂型	施用方式	施用量
根结线虫病	南方根结线虫	10%福气多	颗粒剂	拌药土均匀处理苗床，定植前穴施	1.5～2千克/亩
		20%辣根素	水乳剂	定植前用施肥器滴灌施药	3升/亩

番茄绵疫病

[症状识别] 多下部果实受害，形成灰绿至暗绿色水渍状云纹形大型病斑，阴、晴交替或田间湿度低时病斑多具有同心轮纹。湿度高时，病部表面长出白色霉状物。病果一般不软化，易脱落，皮下果肉变褐，最后腐烂。

[发病条件] 温度30℃左右，要求相对湿度高于95%。高温多雨或低洼黏重的地块发病较重。

[传播途径] 通过雨水或浇水传播蔓延。

[防控措施]

(1) 及时整枝打杈，去老叶，使株间通风。

番茄绵疫病病果（后期）

番茄绵疫病病果（中期）

（2）雨后及时排水，避免田间积水。

（3）及时清除病果，深埋处理。

药剂防治

防治对象	病原物	药剂名称	剂型	施用方式	施用浓度
绵疫病	鞭毛菌寄生疫霉和辣椒疫霉菌	0.5%小檗碱	水剂	喷雾	500倍液
		99%恶霉灵	可湿性粉剂	喷雾	3 500～4 000倍液
		72%霜脲·锰锌	可湿性粉剂	喷雾	600倍液

番茄根霉腐烂病

［症状识别］病果呈灰褐色水渍状软腐，在病组织表面产生初为灰白色后变成灰褐色的毛状物，上有灰白至灰黑色小粒点。

［发病条件］温度24～29℃，相对湿度80%以上，连续阴雨，棚室内浇水过多，空气湿度高容易发病。

番茄根霉腐烂病田间为害状

番茄根霉腐烂病病果

[传播途径] 从伤口或生活力衰弱的部位侵入。

[防控措施] 参见绵疫病。

药剂防治

防治对象	病原物	药剂名称	剂型	施用方式	施用浓度
根霉腐烂病	接合菌黑根霉菌	50%多菌灵	可湿性粉剂	喷雾	500倍
		30%绿得保	悬浮剂	喷雾	400倍
		0.5%小檗碱	水剂	喷雾	500倍

番 茄 菌 核 病

[症状识别] 叶片染病，形成水渍状坏死大型病斑，在病部表面产生絮状白霉，干燥时快速坏死干枯。茎部染病，病部产生絮状白霉，后期转变为鼠粪状菌核，病茎变空。果实受害多呈暗绿色水渍状软腐，后期形成黑色菌核，随病情发展，病果腐烂脱落。

番茄菌核病病幼果

番茄菌核病病茎、病果

番茄菌核病病茎

番茄菌核病病叶

番茄菌核病病果

［发病条件］温度15℃左右，湿度85%以上利于发病。菌核掉落在土壤中可存活多年。

［传播途径］菌核产生子囊盘，子囊盘释放孢子经气流、浇水传播。

［防控措施］

（1）早期密切注意田间，发现地表面长出细小蘑菇状的病菌子囊盘立即铲除。

（2）生长期发现病叶、病株、病果及时清出棚外集中妥善处理，防止形成菌核掉落土中。

（3）收获后及时、彻底清除植株残体和杂草，带棚室外妥善处理。

药剂防治

防治对象	病原物	药剂名称	剂型	施用方式	施用浓度
菌核病	子囊菌 核盘菌	65%甲霉灵	可湿性粉剂	喷雾	600倍液
		45%特克多	悬浮剂	喷雾	1 200倍液

番茄绵腐病

［症状识别］多侵染下部靠近地面果实，成熟果或受伤果容易染病。病果初呈水渍状暗绿至浅褐色坏死斑，迅速扩展软化腐烂，病部表面产生白色霉层，直至病果脱落。

番茄绵腐病病果

［发病条件］多在露地发生，温度10～30℃，相对湿度95%以上利于发病。

［传播途径］借浇水或雨水溅射下部果实引起发病。

［防控措施］

（1）合理浇水，避免大水漫灌，雨后及时排水。

（2）适当增施钾肥，发现病果及时清除。

药剂防治

防治对象	病原物	药剂名称	剂型	施用方式	施用浓度
绵腐病	鞭毛菌 瓜果腐霉菌	72%霜脲·锰锌	可湿性粉剂	喷雾	800倍液
		50%溶菌灵	可湿性粉剂	喷雾	800倍液
		0.5%小檗碱	水剂	喷雾	500倍液

番茄红粉病

［症状识别］多为害成熟果实，病部产生初为白色后转变为粉红色、致密的絮状霉层，终致病果腐烂脱落。

［发病条件］温暖潮湿或采收期多雨，田间浇水过多，空气湿度高易于发病。

［传播途径］通过病土或浇水传播。

［防控措施］

（1）适时采收，生长后期控制浇水，避免田间积水。

（2）覆膜栽培，采用膜下暗灌的形式浇水，避免果实直接与地面接触。

（3）发现病果及时清除。

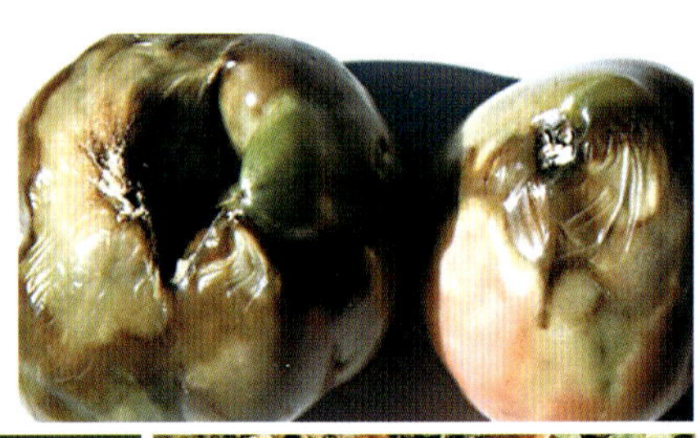

番茄红粉病病果

药剂防治

防治对象	病原物	药剂名称	剂型	施用方式	施用浓度
红粉病	半知菌镰孢霉菌	0.5小檗碱	水剂	喷雾	500倍液
		45%特克多	悬浮剂	喷雾	1 000倍液
		50%多菌灵	可湿性粉剂	喷雾	500倍液

番 茄 软 腐 病

［症状识别］此病多为害果实，多从害虫钻蛀的伤口或生理裂口染病，使内部组织呈水渍状软腐，果皮保持完整，直至果肉全部腐烂，释放出恶臭气味。

番茄软腐病病果

番茄软腐病病茎（中期）

番茄软腐病病茎（后期）

[发病条件] 害虫为害严重，特别是棉铃虫造成的钻蛀伤口多，暴雨暴晴天较多，生理伤口多，田间空气湿度大，均利于发病。

[传播途径] 通过雨水、灌溉水及昆虫传播，由伤口侵入。

[防控措施]

（1）及时防治蛀果害虫，减少虫咬伤口，随时摘除腐烂病果。

（2）适时浇水，避免忽干忽湿，尽可能稳定控制田间空气湿度。

药剂防治

防治对象	病原物	药剂名称	剂型	施用方式	施用浓度
软腐病	胡萝卜软腐欧文氏杆菌胡萝卜软腐亚种	47%加瑞农	可湿性粉剂	喷雾	500倍液
		25%络氨铜	水剂	喷雾	500倍液
		77%可杀得	可湿性微粒粉剂	喷雾	500倍液

二、番茄生理病害

番 茄 顶 枯 病

[症状识别] 此病主要表现为植株下部叶片正常，上部叶片全部硬化，生长异常，幼芽变小黄化，生长点或嫩梢停止生长或枯死。

[发病原因] 主要由于土壤、营养液或基质内缺钙，或虽不缺钙但盐类浓度高，植株不能正常吸收钙素而发生缺钙的生理障碍。通常施用氮肥或钾肥过多、土壤干燥、空气湿度低、连续高温时容易发生。

[防控措施]

（1）土壤缺钙，及时施用石灰；营养液或基质缺钙，需及时补充可溶钙素。

（2）普通种植，实行深耕，防止土壤和空气过于干燥，高温季节需及时浇水。避免偏施氮肥或钾肥。

番茄顶枯病病梢

（3）发病初期，叶片喷洒0.3%～0.5%氯化钙水溶液，3～5天喷1次，连喷2～5次。

番茄芽枯病

［症状识别］此病主要为害花序，受害处形成线形或Y字形缝隙，容易被误认为害虫蛀孔。

番茄芽枯病病株

［发病原因］主要由于气温太高，或通风不及时高温烫死幼芽或花序，致茎部嫩芽或花序处受伤，尤其在定植后长时间控水容易发病。

［防控措施］

（1）夏、秋高温季节覆盖遮阳网，防止棚温过高，注意午间通风，保持棚温不超过35℃。

（2）适当蹲苗，适时、适量浇水。

番 茄 脐 腐 病

［症状识别］发病初期幼果脐部及周围组织产生水渍状浅黄褐色至暗绿色病斑，随病害发展病部组织坏死，最后形成坏死斑，表面凹凸不平。

番茄脐腐病病果

［发病原因］

（1）果实水分供应不足，或在各器官中分配不均衡引致器官发育异常，诱发此病。

（2）高温干燥，水分散失快，且无法及时从根系补充水分，致使脐部坏死。

（3）土壤内钙素不足，且田间管理如中耕、施肥、浇水不当，使根系受伤，也易诱发此病发生。

樱桃番茄脐腐病病果

［防控措施］

（1）施用充分腐熟的农家有机肥，培育壮苗以增强植株抗逆能力。

（2）选用浇水条件较好的优质地块种植，确保土壤有较强的保水能力。

（3）覆膜栽培，膜下暗灌，以减少土壤水分的散失。

（4）避免偏施氮肥，必要时在坐果前期叶面喷施0.5%氯化钙，或1%过磷酸钙，或0.1%硝酸钙溶液。

番茄筋腐病

［症状识别］该病主要表现为白变和褐变两种症状。白变型：主要发生在绿熟至红熟期，病果着色不均或不着色，果面呈半透明状，内部组织变褐。剖开病果，维管束组织变褐坏死。褐变型：幼果期开始发生，在果实膨大期果面上出现局部变褐，果面凹凸不平。剖开病果可见维管束呈茶褐色条状坏死，果心变硬或果肉变褐。

番茄筋腐病病果

番茄筋腐病病果剖面

［发病原因］生理障碍致病，主要因为光照不足，低温高湿，二氧化碳浓度偏低，夜温偏高，同时由于不合理偏施氮肥，致缺钾或不能正常吸收钾，导致维管束木质化而诱发筋腐病。

［防控措施］

（1）选用抗病品种，注意轮作换茬，缓解土壤养分失调。

（2）防止偏施氮肥，尽可能施用充分腐熟的农家肥。

（3）改善田间光照条件，挂设二氧化碳气肥，避免大水漫灌。

（4）低温寡照期或发病初期喷施磷酸二氢钾或复硝钠。

番 茄 早 衰

[症状识别] 此病多在番茄生长中后期发生为害，早期植株下部叶片褪绿，逐渐黄化萎蔫，随病情发展，逐步向上扩展，直至整株干枯、萎垂或脱落。

番茄早衰病株　　番茄早衰病果穗

[发病原因] 生长中后期光照弱，田间温度偏低或偏高，植株根系弱小易发病；同时，如生长中后期缺肥，温度管理不当，施肥比例失调发病严重。

[防控措施]

(1) 改善肥力条件、光照条件，生长前期适当控水，促进根系发育。

(2) 加强田间管理，适当控制田间温度。

(3) 合理密植，且及时去除下部枝叶，必要时叶面喷施1%磷酸二氢钾溶液。

番 茄 裂 果

[症状识别] 此病多发于果实绿熟期，以果蒂为中心，向果肩延伸出

现不规则纵裂和环裂。

[发病原因]

（1）长时间高温、干旱条件下，突遇暴雨或大水漫灌，易出现裂果。

（2）冬季寒冷，昼夜温差大，易出现裂果。

[防控措施]

（1）选择抗裂、皮厚的番茄品种。

番茄裂果病果（环裂中期）

番茄裂果病果

番茄果环裂病果（环裂中后期）

（2）加强田间管理，合理调节棚温，适时、适量浇水。

（3）适时采收，避免果实过度成熟而出现裂果。

番茄花叶病

[症状识别] 发病初期，下部叶片轻度失绿，叶脉间出现黄化花叶，仅叶脉保持绿色。逐步向上部叶片扩展，最终致全株黄化坏死。

[发病原因] 此病主要因生理缺镁所致。

[防控措施]

（1）使用充分腐熟的有机肥作为基肥，合理搭配氮、磷、钾及微量元素比例。

（2）结果盛期加强棚室温、湿度

番茄花叶病（缺镁症）

管理，冬、春种植需提高棚温，地温维持在16℃左右，防止大水漫灌，以滴灌或膜下暗灌的形式浇水最佳。

（3）发病初期叶面喷施1%～2%硫酸镁水溶液，每周2～4次。

番茄落花落果

［症状识别］此病主要表现为，轻度发病时零星落花、落果；严重时，全棚普遍落花落果，甚至整穗花果脱落。

［发病原因］造成番茄落花落果的原因较为复杂，主要与外界不良环境条件的影响有关，如光照不足、温度偏低、光合作用弱、碳水化合物合成或供应不足，均可能造成番茄落花落果。

番茄生理性落果田间发生状

［防控措施］

（1）培育适龄壮苗，在开花结果期尽可能让棚内日间温度维持在25℃左右，夜间温度维持在15℃左右。

（2）增施有机肥，防止偏施氮肥；采用滴灌或膜下暗灌，避免大水漫灌，有条件则可以增施二氧化碳气肥。

（3）必要时，花期喷施生长素，防止落花落果。

番茄寒害与冻害

［症状识别］寒害与冻害在番茄整个生长期都可发生。气温在8～10℃，植株即表现轻度受害，叶色暗绿，无光泽，花芽不正常分化。持续6℃以下，叶片则失绿白化，或造成叶片紫红，严重时萎蔫。持续0℃左右，叶片则呈水渍

番茄冻害病果

番茄寒害病叶

番茄寒害病株

番茄冻害病叶

番茄冻害病苗

状凋萎，部分细胞组织坏死干枯。低于0℃，植株嫩叶、嫩枝和幼果均呈现水渍状坏死，最后软化腐烂。

［发病原因］番茄为喜温作物，13℃以上生长正常。低于10℃则影响开花和正常生长，从而出现寒害。温度较长时间低于0℃，植株幼嫩组织结冰，植株细胞组织结构受到破坏，表现水渍状软腐。

［防控措施］

（1）加强苗期管理，培育壮苗，适时进行幼苗低温锻炼，增强幼苗抗寒能力。

（2）根据当地气候变化规律，适时定植。保护地内可增设小拱棚、纸被等保温防冻。

（3）大风天气，通风时必须缓慢开大通风口，防止寒风大量侵入造成寒害。

（4）必要时喷施植物抗寒剂。

番茄高温热害

［症状识别］幼苗和植株幼嫩时期受轻度高温热害，常使幼嫩叶片皱缩变形、弯曲扭曲，有的呈线状或柳叶状。幼嫩期受害，花芽分化多不正常，后造成花芽枯死或花序细小。现蕾后受害，常导致落花落蕾，或形成变形果、空洞果、杂色果。温度较高，空气干燥，植株受害严重，叶片初期不均匀褪绿，以后呈水渍状不规则坏死，或沿叶缘灼伤干枯，严重时整叶或整枝永久性干枯。

番茄花前期生理性热害病株

［发病原因］番茄生长发育正常温度为15～30℃，高于35～40℃植株仍能正常生长与发育，高于45℃植株即受伤害。

番茄热害病叶　　番茄热害病茎

［防控措施］

（1）遇高温时及时进行通风降温。通风时注意外界气温，避免出现寒害。

（2）温度高、光照强时，应及时挂设遮阳网降温。并保证及时、适量的浇水。

三、番茄虫害

棉　铃　虫

［为害特点］棉铃虫以幼虫蛀食植株的花蕾、花器、果实、种荚。也钻蛀茎秆、果穗等。早期食害嫩茎、嫩叶和嫩芽。花蕾和花器受害后，苞叶张开，变成黄绿色，易脱落。果实和种荚常被蛀空或引起腐烂。

棉铃虫虫卵

棉铃虫虫卵（放大）

棉铃虫蛹

棉铃虫老熟幼虫

棉铃虫成虫

棉铃虫蛀食番茄茎

棉铃虫幼虫为害状

[发生时期] 花期、坐果期、盛果期发生为害。

[防控措施]

(1) 冬季和早春翻地灭蛹，减少田间越冬虫源。

(2) 用黑光灯、高压汞灯、性诱剂诱杀成虫。

(3) 结合田间管理随整枝打杈摘除带卵叶片、果实、嫩梢。

药剂防治

防治对象	药剂名称	剂型	施用方式	施用浓度
棉铃虫	1%甲维盐	乳油	喷雾	2 000倍液
	3%莫比朗	乳油	喷雾	1 000～2 000倍液

烟　青　虫

[为害特点] 幼虫蛀食植株的幼蕾、花和果实，造成落花、落果，致

果实腐烂，也可咬食嫩叶，形成缺刻或将其吃光，钻蛀嫩茎，形成孔洞使幼茎中空而倒折。

［发生时期］全生育期均可发生为害。

［防控措施］参见棉铃虫。

药剂防治

防治对象	药剂名称	剂型	施用方式	施用浓度
烟青虫	1%甲维盐	乳油	喷雾	2 000倍液
	50克/升虱螨脲	乳油	喷雾	1 000～2 000倍液

白　粉　虱

［为害特点］成虫和若虫吸食寄主植物的汁液，致叶片褪绿、变黄、萎蔫，甚至全株枯死。同时分泌大量蜜露诱发煤污病，影响叶片光合作用，污染叶片和果实，严重时使果实失去商品价值。同时，白粉虱还传播多种病害。

温室白粉虱成虫

温室白粉虱蛹

[发生时期] 全生育期均可发生为害。

[防控措施]

(1) 收获后及时清理田间杂草和植株残体，保护地种植需清除温室外杂草，以减少田间虫源。

(2) 培育无虫苗，挂设防虫网，规格以50目为宜。

(3) 及时悬挂黄板，诱杀成虫，挂设高度以高出植株3～5厘米为宜，挂设密度以25块/亩为宜。

药剂防治

防治对象	药剂名称	剂型	施用方式	施用浓度
白粉虱	25%阿克泰	水分散剂	喷雾	3 000～5 000倍液
	22%敌敌畏	烟剂	燃放	0.5千克/亩
	20%啶虫脒	可溶性液剂	喷雾	3 000倍液

烟　粉　虱

[为害特点] 成虫和若虫吸食寄主植物的汁液，致叶片褪绿、变黄、萎蔫，甚至全株枯死。烟粉虱还传播番茄黄化曲叶病毒。

[发生时期] 全生育期均可发生为害。

[防控措施] 参见温室白粉虱。

烟粉虱为害状

烟粉虱成虫

烟粉虱成虫和卵

烟粉虱卵

烟粉虱蛹

烟粉虱蛹及蛹壳

药剂防治

防治对象	药剂名称	剂型	施用方式	施用浓度
烟粉虱	25%阿克泰	水分散粒剂	喷雾	3 000～5 000倍液
	22%敌敌畏	烟剂	燃放	0.5千克/亩
	20%辣根素	水乳剂	常温烟雾机施药	250毫升/亩

白粉虱和烟粉虱的区别

	白 粉 虱	烟 粉 虱
形态	成虫体长1～1.5毫米，淡黄色，翅面覆盖白色蜡粉，停息时双翅在体上合成屋脊状，翅端半圆形，遮住整个腹部，沿翅外缘有1排小颗粒	成虫体长1毫米，较温室白粉虱小，白色，翅透明，具白色细小粉状物，停息时双翅在体上合成屋脊状，较温室白粉虱更明显，略显狭长
致病反应		受害西葫芦等出现典型银叶症状，受害番茄出现典型黄化曲叶症状
喜食寄主	葫芦科、豆科、茄科植物	葫芦科、茄科、十字花科、大戟科、豆科、菊科、伞形花科、锦葵科、蔷薇科等植物

美洲斑潜蝇

[为害特点] 幼虫潜食叶肉，形成蛇形弯曲的被害潜道，多为白色，有的后期变成铁锈色，白色隧道里交替排列黑色线状粪便。植株幼嫩时期受害重，虫口多时叶片上潜道密布，短期内即枯黄坏死。成虫产卵和取食形成产卵点和取食点，影响寄主正常光合作用。

斑潜蝇成虫

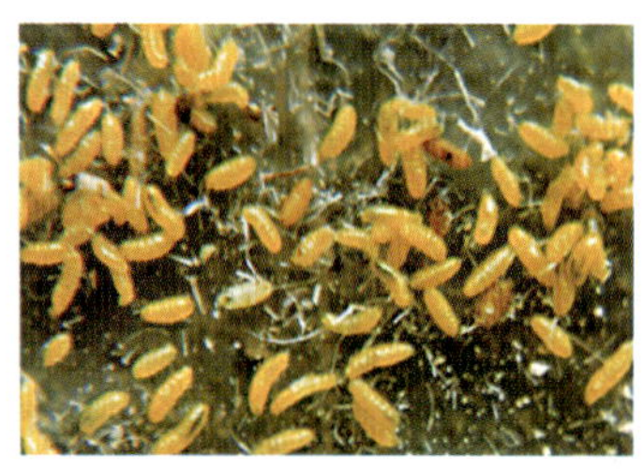
斑潜蝇蛹

斑潜蝇脱道幼虫

斑潜蝇初蛹

斑潜蝇为害状

[发生时期] 全生育期均可发生为害。

[防控措施]

(1) 实行与非喜食蔬菜轮作，北方地区冬季进行1～2月休闲。

(2) 收获完毕，即彻底清除田间植株残体和杂草，有虫植株残体必须高温堆沤处理。保护地在尚未拉秧前40℃以上高温闷棚，杀灭残存虫蛹。

(3) 悬挂30厘米×40厘米黄板，诱杀成虫。

药剂防治

防治对象	药剂名称	剂型	施用方式	施用浓度
美洲斑潜蝇	50%灭蝇胺	乳油	喷雾	400～5 000倍
	5%卡死克	乳油	喷雾	1 000～1 500倍
	1.8%虫螨克	乳油	喷雾	2 500～3 000倍

桃　蚜

［为害特点］以成虫和若虫在番茄植株上刺吸汁液，为害植株的嫩茎、嫩叶，使植株不能正常开花、结实。此外，还传播多种病毒病，诱发煤污病，严重影响番茄果实品质。

蚜　虫
（无翅桃蚜）

蚜　虫
（有翅桃蚜）

［发生时期］全生育期均可发生为害。

［防控措施］

（1）在田间间隔铺设银灰色膜或挂银灰色膜条驱避蚜虫。

（2）田间挂设黄板，涂黏虫胶，诱集有翅蚜，或距地面20厘米架黄色盆，内装0.1%肥皂水或洗衣粉水，诱杀有翅蚜虫。

药剂防治

防治对象	药剂名称	剂型	施用方式	施用浓度
桃蚜	25%阿克泰	水分散粒剂	喷雾	3 000～5 000倍液
	22%敌敌畏	烟剂	燃放	0.5千克/亩
	3%啶虫脒	乳油	喷雾	3 000倍液

茶　黄　螨

［为害特点］成、幼螨集中在寄主幼嫩部位刺吸汁液，尤其是尚未展开的芽、叶和花器。被害叶片增厚僵直，变小、变窄，叶背呈黄褐色或灰褐色，带油状光泽，叶缘向背面卷曲，变硬发脆。幼茎受害后呈黄褐至灰褐色，扭曲，节间缩短，严重时顶部枯死，形成秃顶。花器受害，花蕾畸形，严重时不能开花。幼果或嫩荚受害，被害处停止生长，表皮呈黄褐色，粗糙，果实僵硬，膨大后表皮龟裂，种子裸露，味苦不能食用，果柄

茶黄螨为害状

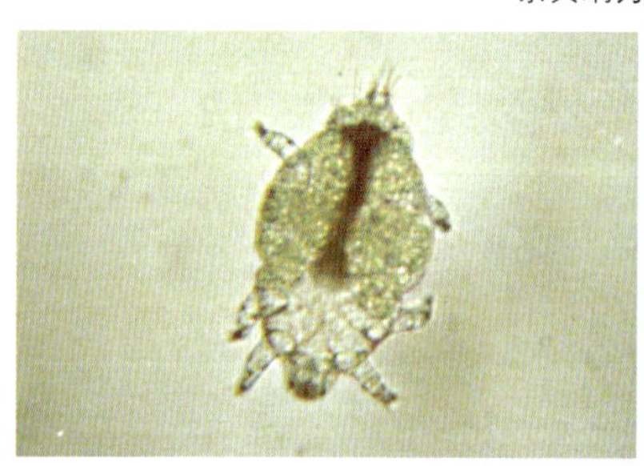

茶黄螨（放大）

茶黄螨为害番茄果实状

和萼片呈灰褐色。

［发生时期］露地夏、秋季发生；设施内全年发生。

［防控措施］

（1）搞好冬季苗房和生产温室的防治工作，铲除棚室周围的杂草，收获后及时彻底清除枯枝落叶，消灭越冬虫源。

（2）培育无虫苗：移栽前用药剂对菜苗全面防治。

药剂防治

防治对象	药剂名称	剂型	施用方式	施用浓度
茶黄螨	50%阿波罗	悬浮剂	喷雾	2 000 ~ 3 000倍液
	2%阿维菌素	乳油	喷雾	4 000倍液
	20%哒螨酮	乳油	喷雾	2 000倍液

蓟　马

［为害特点］成虫和若虫为害番茄的花器，影响开花结实。也为害幼苗、嫩叶和嫩荚，严重时显著降低产量和质量。

［发生时期］露地夏、秋季发生；设施内全年发生。

蓟马为害番茄果实状

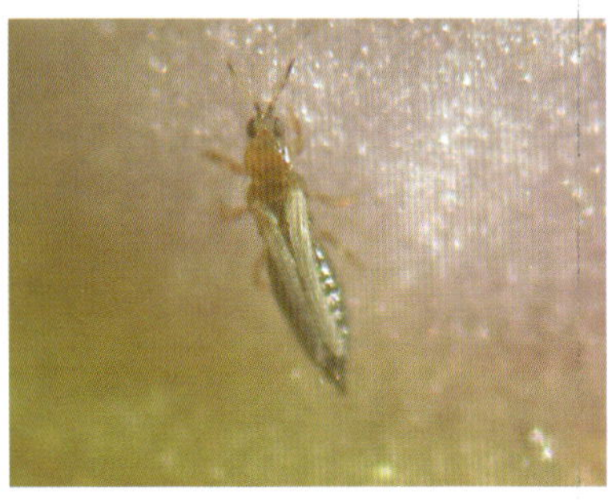

花蓟马

[防控措施]

(1) 收获完毕，彻底清除田间植株残体和杂草，集中堆沤发酵处理。

(2) 冬前深翻土壤，破坏化蛹场所，减少害虫越冬基数。

(3) 避免瓜、豆、茄果类蔬菜套种。

药剂防治

防治对象	药剂名称	剂型	施用方式	施用浓度
蓟马	240克/升虫螨腈	悬浮剂	喷雾	5～7克/亩
	70%吡虫啉	可湿性粉剂	喷雾	4 000倍液
	3%啶虫脒	乳油	喷雾	2 000～3 000倍液

亚洲玉米螟

[为害特点] 初孵幼虫群聚取食嫩叶、心叶，稍大即开始蛀茎、蛀果、蛀穗，造成严重伤害或引起腐烂。

亚洲玉米螟幼虫

[发生时期] 主要在夏、秋季发生为害。

[防控措施]

(1) 秋、冬季妥善处理玉米茎秆和其他野生寄主，减少越冬虫源。

（2）在卵孵化始期至盛期人工释放玉米螟赤眼蜂（*Trichogramma ostrininae*）。

药剂防治

防治对象	药剂名称	剂型	施用方式	施用浓度
亚洲玉米螟	25%杀虫双	水剂	喷雾	800 ～ 1 000倍液

四、温室番茄栽培极易混淆病害归类识别

番茄疑似蕨叶病毒病

1. 番茄蕨叶病毒病

蕨叶病毒病为番茄重要病害，分布较广，高温干旱地区发生较重。保护地、露地都发生，主要在秋季发病，偶尔春季发病也显著，通常零星发病，在田间分布不均匀，可以相互传染，严重时病株可达50%以上，甚至造成拉秧。

番茄蕨叶病毒病病株

番茄蕨叶病毒病病株

[病害症状] 植株不同程度矮化，由上部叶片开始全部或部分变成线状，中、下部叶片向上微卷，花冠变为巨花。

[病原] 此病主要由*Cucumber mosaic virus*（CMV）即黄瓜花叶病毒侵染引起，可侵染45科124种植物，多种蔬菜都可受害，种子不带毒，病残体上也不能存活，主要在活体植物上越冬。

2. 2,4-D药害病害

2, 4-D药害为番茄生产中最常见的非侵染性病害，时有发生，主要在设施内形成为害，常给生产带来影响并造成损失。2, 4-D药害在田间发生一般都很普遍，受害株多在80%以上，区别于蕨叶病毒病和茶黄螨。

番茄叶2, 4-D药害状

［病害症状］ 2, 4-D药害主要在叶片和果实上表现，叶片受害尤为普遍，常出现两种情况，一是局部或整棚受2, 4-D生长素蒸气熏蒸，其受害枝叶在棚内分布均匀，叶位一致，以中、上部枝叶受害重。受害叶片增厚下弯，僵硬细长，小叶不展开，多纵向皱缩，叶缘畸形，小枝或叶柄扭曲。二是部分叶片在2, 4-D生长素喷花时药雾直接喷到枝叶上，使局部枝叶直接遭受药雾的伤害，叶片表现更严重的畸形、卷曲、细长和增厚，叶片、小枝和茎秆着药最多的部位经常出现黄绿至浅褐色坏死斑点，严重时还形成隆起疱斑。果实受害一般只在喷施2, 4-D生长素浓度太高时发生，受害果实常从脐部开裂形成畸形果。

番茄花期2, 4-D药害状

番茄花期嫩茎2, 4-D药害状

［受害原因］ 造成2, 4-D生长素药害的原因是2, 4-D浓度太高或在施用当时或随后棚温过高，或局部喷药过多、过重所致。所以，在一天上午、中午、下午或一年中不同季节气温高低不同时使用相同浓度，在浓度较高或较高温度时容易产生药害。

3. 生理热害

生理热害为番茄生理性伤害，设施番茄时有发生，通常受害很轻，对生产造成轻度影响。严重时对植株形成明显伤害，显著影响番茄的产量与品质。生理热害在田间发生分布也较普遍，受害部位表现一致，不通风的区域受害症状更明显，区别于蕨叶病毒病和茶黄螨。

［病害症状］ 生理热害因发生时期、受害温度高低和持续时间长短及相关环境不同，症状表现各异。幼苗和植株幼嫩时期受轻度高温热害，常使幼嫩叶片皱缩变形、弯曲扭卷，有的呈线状或柳叶状。幼嫩期受害，花芽分化多不正常，后造成花芽枯死或花序细小。现蕾后受害，常导致落花落蕾，或形成变形果、空洞果、杂色果。温度较高、空气干燥时植株受害较重，受害症状显现亦较快，叶片初期不均匀褪绿，以后呈水渍状不规则坏死，最后在叶片上形成白色枯斑，或沿叶缘灼伤干枯，严重时整叶或整枝永久性干枯。植株叶、茎、果局部受高温热害，多形成局部日烧或灼伤坏死。生理热害的受害植株矮化不明显，线形叶片较蕨叶病毒病少，叶片一般不增厚，不变硬，也不脆，区别于2, 4-D生长素药害和蕨叶病毒病（图见62页）。

［受害原因］ 番茄生长发育正常温度为15 ～ 30℃，高于35 ～ 40℃即表现抑制植株正常生长与发育，高于45℃植株即受伤害。通常当温度高于30℃，植株呼吸消耗大于光合积累造成营养状况恶化，叶色褪绿。温度高于40℃低于45℃，植株正常生理机能受到干扰，花芽分化与花序形成和叶片、果实生长发生异常。温度高于45℃，空气湿度低，土壤缺水，植株水分严重失衡，短时期内植株叶片、花器及嫩茎的部分组织即表现灼伤，出现水渍状坏死或浅黄至枯白色坏死。

番茄成株期有毒气害为害状

4. 有毒气害

有毒气害也为生理伤害，偶有发生，发生有毒气害后对生产影响极大。在田间多表现为植株上部受害，受害株率一般很高。

[病害症状] 有毒气害主要表现为幼嫩生长部位受害，被害植株顶端嫩茎肥大宽扁，生长点颜色变淡，腋芽丛生，幼叶宽大，皱缩扭卷，整株畸形生长，不能正常开花结果，与别的病害和生理病害明显不同。

[受害原因] 植株受有毒或有害气体熏蒸后，改变了正常的生理代谢。通常，有毒气害发生后因气体种类不同，受害症状表现有所不同，田间多表现大面积普遍受害，不同品种对有毒有害气体的反应差异明显。

5. 生理变异

生理变异偶有发生，对生产通常没有影响，在田间仅零星植株表现症状，不传染也不扩展。

[病害症状] 生理变异可以表现不同症状，可以是整株黄化，或部分枝叶变色，或沿植株、枝条的一侧维管束发生变异，使半边枝叶褪绿，叶片变小。有时从某个节位产生丛枝、腋芽、畸形枝叶，或产生变形叶片、花序等。

番茄生理变异复叶

[受害原因] 产生生理变异的原因尚不清楚，可能是个别植株部分细胞组织的基因发生变异，主要与品种有关。

番茄生理变异茎

番茄生理变异枝

6. 茶黄螨为害

番茄受茶黄螨为害也非常普遍。受害植株在田间分布极不均匀，露地和棚室番茄都可能受害，一般零星植株受害明显，夏、秋季较常见，温室内春茬也有发生。

［为害状］茶黄螨以成螨和幼螨集中在寄主幼嫩部位刺吸汁液，尤其是为害尚未展开的芽、叶和花器。被害叶片增厚僵直，变小、变窄，叶背呈黄褐色或灰褐色，带油状光泽，叶缘向背面卷曲，变硬发脆。幼茎受害后呈黄褐至灰褐色，扭曲，节间缩短，严重时顶部枯死，形成秃顶。花器受害，花蕾畸形，严重时不能开花。幼果或嫩荚受害，被害处停止生长，表皮呈黄褐色，粗糙，果实僵硬，膨大后表皮龟裂，种子裸露，味苦不能食用，果柄和萼片呈灰褐色。受害部位停止生长，增厚变脆，表皮黄褐色，略带油光，明显区别于其他疑似症状。因为茶黄螨食性很杂，可为害茄果类、瓜类、豆类及苋菜、芥蓝、西芹、蕹菜、落葵、茼蒿、樱桃萝卜、白菜等多种蔬菜，所以也可根据周围蔬菜是否受害进行判断（图见58、59页）。

［为害特点］茶黄螨在南方1年发生25～30代，以成螨在土缝、蔬菜及杂草根际越冬，温暖地区和有温室的菜区茶黄螨可终年发生。靠爬行、风力和人、工具及菜苗传带扩散蔓延，开始发生时有明显点片发生阶段。5月底至6月初可出现严重受害田块，一般7～9月为盛发期，10月以后随气温下降数量随之减少。京津地区茶黄螨在露地不能越冬，主要在温室及苗棚内继续繁殖为害，春季通过菜苗移栽传播。茶黄螨繁殖快，喜温暖潮湿，要求温度严格，15～30℃发育繁殖正常，35℃以上卵孵化率降低，幼螨和成螨死亡率极高。成螨十分活跃，且雄螨背负雌螨向植株幼嫩部转移。1头雌螨可产卵百余粒，卵多产在嫩叶背面、果实凹陷处及嫩芽上，卵期2～3天。以两性生殖为主，其后代雌螨多于雄螨。也可营孤雌生殖，但卵的孵化率低，后代为雄性。

番茄土传病害

1. 番茄枯萎病

［受害症状］发病初期茎秆仅一侧自下而上出现凹陷坏死，致一

侧叶片发黄，变褐后枯死。有的半个叶序或半边叶变黄，剖开病茎，维管束变褐。湿度大时，病部产生粉红色霉层，病株折断无乳白色黏液流出。

番茄枯萎病田间为害状

2. 番茄青枯病

［受害症状］病株白天萎蔫，傍晚复原，病叶变浅绿。病茎维管束变为褐色，横切病茎，用手挤压或经保湿，切面上维管束溢出白色菌液，病程进展迅速，严重的病株经7～8天即死亡（图见29页）。

3. 番茄根结线虫病

［受害症状］此病主要为害根系，须根和侧根上产生浅黄色串珠状根结，或形成肥肿畸形瘤状根结。随病情发展，导致植株矮小、畸形、结果少或不结果，空气干燥时，植株萎蔫，直至整株枯死。

番茄根结线虫病田间为害状

番茄根结线虫病田间为害状

4. 生理缺水、缺肥

［受害症状］植株严重缺水，会出现叶片卷曲，至下而上发生，尤其是在正午蒸发量大的情况下，会出现植株整体萎蔫，生长缓慢，甚至全株干死。

番茄生理性萎蔫

病害	枯萎病	青枯病	根结线虫病	生理缺水、缺肥
异同点	植株受害后，一侧叶片萎垂，一侧正常，直至植株最终枯死。剖开受害植株病茎，维管束明显变褐	发病初期，植株白天萎蔫，傍晚恢复，随病情发展直至植株最终萎蔫死亡。割开受害植株病茎有白色至乳白色脓状（菌脓）液体溢出	发病初期，植株正午萎蔫，早、晚恢复，类似缺水状，随病情发展，植株叶片逐渐变黄、萎蔫，但受害植株不会很快死掉。挖出植株根部发现根部肿大，产生明显的串生状根结	及时补水后，植株能迅速恢复
共同点	全生育期均可发生为害，受害植株均表现为不同程度的萎蔫，直至整株枯死			

番茄营养失调症

1. 番茄氮素失调的田间症状

番茄缺氮

苗期缺氮的田间症状主要表现为，植株矮小，叶片从下向上变小、变薄、变黄，茎秆明显弱长；开花结果期表现为花芽发育不正常，饱满度降低，易脱落，果实变小，木质素和纤维素含量增高，品质下降。

番茄氮过剩

田间表现为营养生长旺盛，生长速率加快，叶色浓绿，叶片偏大，茎蔓粗嫩，纤维素和木质素含量减少，花器形成慢且易落花落果，普遍成熟较晚。

番茄缺氮与氮过剩症状的主要区别

番茄缺氮植株株型呈正三角形；而氮过剩番茄与缺氮番茄的最大区别是顶部叶片宽大，株型呈倒三角形。

2. 番茄磷素失调的田间症状

番茄缺磷

植株弱长、株型矮小，生长缓慢，叶片小，易落，色暗无光，随着花青素的增加叶片易呈紫色。严重缺磷，易造成叶片干枯脱落，分枝偏少，果实偏小，成熟延迟，症状发展趋势从下部老叶开始向上发展。

番茄磷过剩

磷过剩的田间表现是叶片变厚，节间缩短，茎、叶生长受阻，叶片易起白斑，提早黄化，繁殖器官提前发育，且易引起缺锌、缺铁、缺镁性失绿症状。

番茄缺磷与磷过剩症状的主要区别

番茄严重缺磷，植株完全停止生长，叶片从黄化直至枯死；而磷过剩则使番茄叶片的叶脉间出现小白斑，其症状与细菌性斑点病相似。

3. 番茄钾素失调的田间症状

番茄缺钾

番茄缺钾由老叶开始，主要表现为叶缘先发黄，后变褐焦枯似灼烧，叶面表现多为褐色斑点或斑块造成的失绿症状，但叶脉和近叶脉的叶面仍保持绿色，叶肉组织凸起，叶脉下陷，叶片呈青铜色，向下卷曲；根系受害可使根变少、变短，且早衰易腐烂；果实受害表现为发育畸形，出现棱角果。

番茄钾过剩

番茄钾过剩，主要表现为中、下部叶片从下到上出现叶尖和叶脉间变黄变紫，但叶脉仍保持绿色，似缺镁状的失绿；也可表现为叶缘呈凹凸不平的上卷。

番茄缺钾与钾过剩症状的主要区别

番茄缺钾植株主要是下部老叶边缘变褐焦枯，叶脉间因褐斑扩延失绿，但叶脉仍保持绿色，叶肉组织凸起，叶片下卷；而钾过剩是叶脉间变黄变紫，在中部叶片叶缘易形成绿色的环，而叶缘则是凹凸不平的上卷。

4. 番茄钙素失调的田间症状

番茄缺钙

番茄缺钙，植株顶端生长点坏死，嫩茎变软缢缩成线下垂，中、下部叶片易形成棕色叶脉，果实从青果开始就在果脐处发生扁平凹陷的棕色斑块状的脐腐病，磷、钾过量易诱发此病。

番茄钙过剩

番茄钙过剩，植株中部叶片叶尖端易出现色泽发灰的枯死白化受害状。

番茄缺钙与钙过剩症状的主要区别

发生病症的部位不同，缺钙症状主要发生在幼叶、嫩茎上，而钙过剩症状主要发生在中、下部叶片的叶尖上；缺钙果实顶部有明显的脐腐病，而多钙果实无明显受害病症。

5. 番茄镁素失调的田间症状

番茄缺镁

番茄缺镁，主要表现中、下部叶片受害，叶尖和叶脉间失绿，病叶由绿变黄再变紫，但叶脉仍保持绿色，严重缺镁时叶片枯萎脱落。

番茄镁过剩

镁过剩，植株下部叶片的叶缘上卷，叶脉间出现褐色斑点和斑块。

番茄缺镁与镁过剩症状的主要区别

主要区别是缺镁叶片叶脉之间失绿变黄变紫，但叶脉仍保持绿色；而镁过剩病叶的主要症状是叶缘上卷，叶脉间出现褐色斑点和斑块。

6. 番茄硼素失调的田间症状

番茄缺硼

番茄缺硼主要是发生在地上的幼嫩茎尖生长点和地下的根尖生长点上。茎尖、根尖的生长点受害停止生长直至萎缩死亡，周围的幼叶如蕨叶型病毒病状畸形皱缩（这是生产上将缺硼症最易误判为病毒病的主要依据）。

番茄硼过剩

番茄硼过剩会出现叶片组织坏死的硼中毒现象。

番茄缺硼与硼过剩症状的主要区别

缺硼的田间主要症状为受害蔬菜幼嫩的生长点和繁殖器官受害；而硼过剩主要表现是叶片从下部向上的叶肉组织依次失绿坏死，叶边缘多呈金黄色，生长点几乎不受害。

7. 番茄锌素失调的田间症状

番茄缺锌

番茄缺锌，植株矮小，节间缩短，小叶丛生（俗称小叶病），新叶失绿，生长缓慢，果实偏小。

番茄锌过剩

番茄锌过剩，植株出现幼嫩叶片或生长点缺铁性黄化。

8. 番茄铁失调的田间性状

番茄缺铁

番茄缺铁，植株顶部幼嫩叶片黄化，叶脉仍保持绿色。

番茄铁过剩

番茄铁过剩，植株叶片上布满大小不等的棕褐色斑点。

9. 番茄铜失调的田间症状

番茄缺铜

番茄缺铜，幼嫩叶片受害，病叶失绿发黄，叶尖发白，叶片内卷皱缩，叶缘黄灰色，花器发育不良。

番茄铜过剩

铜过剩，番茄植株生长矮小，根系发育不良，下部叶片黄化并长出气生根。

10. 番茄钼失调的田间症状

番茄缺钼

番茄缺钼，幼叶叶边焦枯向里内卷，畸形凹凸扭曲。

番茄钼过剩

番茄钼过剩，植株叶色变黄。

附录

附录1 冬春茬、夏秋茬大棚番茄生产季节历（北京）

日期（月）		冬春茬						夏秋茬					
		1	2	3	4	5	6	7	8	9	10	11	12
自然条件	温度												
	湿度												

35
30
25
20
15
10
5
0
−5
−10
最低温度
最高温度
平均温度
−2.6
1.45
7.47
14.575
20.27
24.93
26.155
25.75
19.665
13.71
5.48
−1.16
1月
2月
3月
4月
5月
6月
7月
8月
9月
10月
11月
12月

90
40
−10

90
40
−10

（续）

日期（月）		冬春茬（1—6月）	夏秋茬（7—12月）
作物时期		苗期：12月中下旬～3月中旬 花果期：3月中下旬～6月中下旬	苗期：7月上旬～9月中下旬 花果期：10月上旬～12月中旬
生产措施	种子处理	50℃温汤浸种15分钟或10%磷酸三钠浸20～30分钟	同冬春茬
	育苗	穴盘或苗床育苗，可选用50～128穴育苗盘	同冬春茬
	土壤消毒	化学药剂：棉隆、威百亩、氯化苦、1,3-二氯丙烯、等；生物药剂：辣根素；非化学：臭氧	同冬春茬
	棚室消毒	化学药剂：百菌清、敌敌畏烟剂；生物药剂：辣根素；非化学：臭氧	除可采用春茬消毒方法外，还可采用物理高温闷棚消毒，温度达60～70℃，棚室密闭7～10天
	定植	通常2月中下旬定植，采用大小行，株距30厘米，定植密度保持3 000～3 500株/亩	通常8月上中旬定植，采用大小行，株距30厘米，定植密度保持3 000～3 500株/亩
	绑蔓	待植株长到30厘米以上绑蔓	同冬春茬

（续）

<table>
<tr><th colspan="2">日期（月）</th><th colspan="6">冬　春　茬</th><th colspan="6">夏　秋　茬</th></tr>
<tr><th colspan="2"></th><th>1</th><th>2</th><th>3</th><th>4</th><th>5</th><th>6</th><th>7</th><th>8</th><th>9</th><th>10</th><th>11</th><th>12</th></tr>
<tr><td rowspan="6">生产措施</td><td>整　枝</td><td colspan="6">随着生长及时去除多余侧杈及老叶、病叶</td><td colspan="6">同冬春茬</td></tr>
<tr><td>保花促果</td><td colspan="6">使用防落素、番茄灵等植物生长调节剂处理花穗，应适当疏果</td><td colspan="6">同冬春茬</td></tr>
<tr><td>病虫防治</td><td colspan="6">4月下旬～拉秧，病虫为害逐渐加重，密切关注病情开展相应防治</td><td colspan="6">9月中下旬～拉秧，病虫为害逐渐加重，密切关注病情开展相应防治</td></tr>
<tr><td>肥水管理</td><td colspan="6">缓苗后及时浇缓苗水，一穗果开始膨大时为重点追肥期，一穗果采收后至第二穗果膨大及时追肥</td><td colspan="6">同冬春茬</td></tr>
<tr><td>采　收</td><td colspan="6">自4月上、中旬开始收获，直至6月中下旬拉秧</td><td colspan="6">自10月上、中旬开始收获，直至12月下旬拉秧</td></tr>
<tr><td>病残处理</td><td colspan="6">自拉秧后到定植前，将植株病残体集中堆沤臭氧处理或高温处理</td><td colspan="6">同冬春茬</td></tr>
</table>

（续）

日期（月）		冬春茬						夏秋茬					
		1	2	3	4	5	6	7	8	9	10	11	12
常见问题	立枯猝倒	多发于苗期，注意增温降湿						同冬春茬					
	病毒病	全生育期发病，注意前期预防；高温干旱易发病，注意降温，适时浇水						病毒病秋茬发病比冬春茬早，措施同冬春茬					
	早疫病	多见于露地为害，温度高、湿度大利于发病						秋季露地为害重，注意提前预防及防治					
	晚疫病	日间不超过24℃，夜间不低于10℃利于发病。春茬为害轻						10月初～11月底为病害多发期，传播快、为害重，尤其是阴雨天，注意提前预防					
	灰霉病	多发于花期和果实膨大期，温度20℃，湿度90%，注意提前预防						同冬春茬					
	叶霉病	生育后期主要病害，5月后为害加重，温度20℃、湿度90%利于发病						生育中后期多发病害					

（续）

日期（月）		冬春茬						夏秋茬					
		1	2	3	4	5	6	7	8	9	10	11	12
常见问题	根结线虫	 由苗期到收获期全生育期为害，应种前土壤处理						 同冬春茬					
	粉虱	 温度于25～30℃，利于白粉虱为害，春茬较之秋茬为害轻						 有条件的应辅以防虫网进行防治					
	棉铃虫	 冬春茬为害轻，开花前提前预防						 秋茬为害重，开花前提前预防					
	斑潜蝇	 冬春茬为害轻						 7月中下旬～10月初为害，注意提前预防					
	生理病害	 全生育期发生，根据症状补充元素						 同冬春茬，但个别病害发生、为害不同，如生理裂果					

附录2　大棚番茄生产技术规程

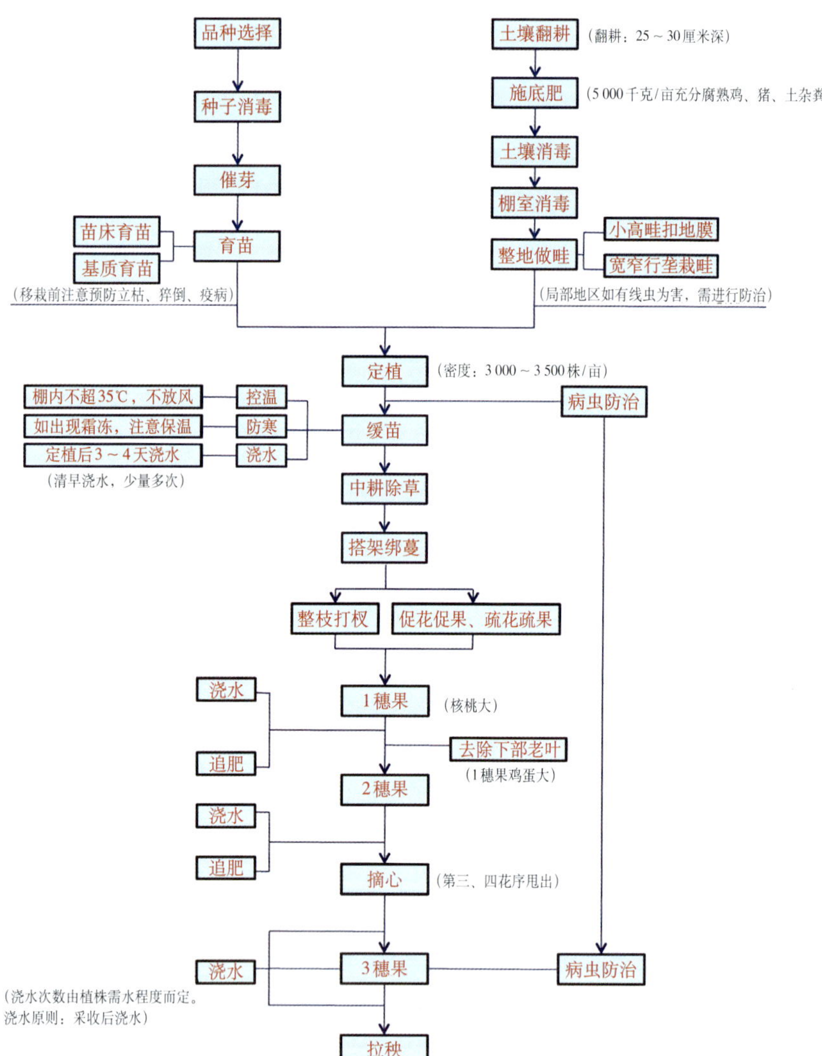

各操作环节具体内容

一、品种选择

选择耐低温、耐弱光、抗病、高产品种。粉色大果品种：硬粉2号、硬粉8号、中杂101、中杂105、金棚1号等；樱桃番茄品种：绿宝石、京丹1号、京丹3号、粉玉1号等；效果理想的抗根结线虫病品种：仙客5、仙客6、仙客8、秋展16等；可供选用抗黄化曲叶病毒病品种：浙粉702、浙杂301、浙粉701、浙杂501、金棚10号、飞天、光辉、阿库拉、忠诚，琳达、维拉、奥斯卡、斯科特、苏红9号等。

二、种子消毒

种子消毒大致包括真菌性病害消毒、细菌性病害消毒、病毒病消毒三类。具体消毒办法如下。

真菌性病害消毒

1. 温水浸种

将种子放在55℃的恒温水中浸25分钟，然后用冷水冷却，晾干播种。

2. 药剂浸种

（1）用40%福尔马林100倍液浸种30分钟，浸后用清水洗净，晾干播种。

（2）用50%多菌灵500倍液、50%代森铵500倍液浸种1小时。

（3）将种子放在2%～3%的漂白粉溶液中浸30～60分钟，浸后用清水洗净。

（4）用70%甲基托布津800倍液浸种4小时。

3. 药剂拌种

用50%福美双可湿性粉剂，按种子重量0.4%的药量拌种。

细菌性病害消毒

除用上述温水浸种方法外，也可用40%福尔马林150倍液浸种1.5小时，或用10%安替福民（医用消毒剂）20倍液浸种20分钟。浸后用清水洗净，晾干播种。

病毒病害消毒

1. 温水浸种

将种子放在60℃的热水中浸10分钟，或在55℃温水中浸40分钟，然后投入冷水中冷却，晾干播种。

2. 药剂浸种

用10%的磷酸三钠浸种30分钟，浸后用清水将药剂黏液冲洗干净，晾干播种。

三、催芽

番茄种子在播种前催芽，可促使幼胚迅速发育，有缩短种子萌发时间和促进出苗整齐、迅速的作用。在催芽过程中，要提供适宜的温度、水分和空气环境。番茄种子催芽的适宜温度为25～30℃，相对湿度为90%以上。在催芽过程中，应经常检查和翻动种子，每天要按时用30℃左右的温水冲洗种子1～2次，甩干种子表面水分或稍晾后继续催芽，以便保持湿度，更换空气，促使所有种子发芽均匀。在适宜的条件下，经2～3天番茄种子即可发芽，常用的催芽方法有以下几种：

1. 瓦盆催芽法

将浸种消毒后的种子洗净，用干净的湿纱布包好，放入垫有稻秸的瓦盆里，以免底部积水而霉烂种子，上面盖上潮湿的麻袋或毛巾，以保持湿度，然后把瓦盆放在压火道、热坑头或催芽箱内催芽。

2. 掺沙催芽法

将浸种消毒后洗干净的种子与洗干净的河沙按1∶1.5的比例拌匀，装入瓦盆内，盖上湿沙或湿布，然后放在适温处催芽。

3. 电热控温催芽法

通过在催芽箱内安装电子控温仪控制温度，并保持适宜的空气湿度。

对催芽温度的掌握，开始要稍低，以后逐渐增高，当胚根将要突破种皮时再降低（降至20～24℃），促使胚根粗壮。当70%左右的种子胚根露白时，应将种子用湿毛巾包好放入冰箱内，温度在5℃左右并保持适宜的湿度，待条件良好时，再行播种。

四、育苗

一般可采用穴盘育苗、营养钵育苗、营养块与传统的畦播育苗等方法。

1.穴盘育苗可采用72孔的穴盘，穴盘营养土的配制是2份草碳土加1份蛭石充分粉碎后混合均匀。然后每立方米基质中加入三元复合肥1千克、烘干消毒鸡粪5千克掺拌均匀，最后再拌入消毒杀菌剂，如每立方米基质中加入100克多菌灵与福美双粉剂的等量混合剂。装盘时基质应含有30%～50%的水分利于装盘。播种时穴播1～2粒种子，然后盖1厘米厚的蛭石，用微喷浇透水。

2.营养钵育苗，可用田园土7份与腐熟的农家肥3份混合均匀，每立方米加入磷酸二铵1.5千克、硫酸钾1千克。播种时先给营养钵浇透水，水渗下后播种，每钵1～2粒，播完覆盖1厘米厚细土。

五、土壤翻耕

六、施肥

施足基肥，以有机肥为主，氮、磷、钾配合施用，每亩用发酵好的圈肥或鸡粪5 000千克，硫酸钾复合肥30千克或草木灰1 130千克，磷酸二铵25千克，有条件的也可增施一些饼肥，这样对提高果实的品质、果实光泽度有明显的作用。

七、土壤消毒

土壤消毒包括毒土消毒法、药液消毒法、熏蒸消毒法、太阳能土壤消毒法等。

1.毒土消毒法

将药剂配成毒土，然后进行沟施、穴施或撒施。毒土的配制方法是将一定量的农药（乳油、可湿性粉剂、颗粒剂等）与具有一定湿度的细土按一定的比例混匀后施用，常用的药剂有敌克松粉、多菌灵、福美双等。

2.药液消毒法

将药剂用清水稀释成一定浓度的药液后，用喷雾器喷施于土壤表层，或直接浇灌到土壤中，使药液渗入到土壤深层，杀死土壤中的病菌。常用药剂有多菌灵、百菌清、绿亨1号、绿亨2号等。

3.熏蒸消毒法

利用土壤消毒机或土壤注射器将熏蒸药剂注入土壤中，然后在土壤表层盖上塑料薄膜，在密闭或半密闭的设施条件下，使有毒气体在土壤中扩散，杀死土壤中的病菌。土壤熏蒸消毒后，必须使药剂充分挥发后才能播种定植。否则，容易产生药害，造成缺苗、弱苗及减产。常用的土壤熏蒸消毒剂有甲醛、氯化苦、辣根素等。此法适宜于保护地栽培。

4. 太阳能土壤消毒法

保护地蔬菜、花卉等拉秧后，施足未腐熟的有机肥及饼肥，然后把地整平耙细，在7～8月高温季节，每亩用麦秸或稻草800～1 000千克，铡成4～6厘米长，均匀撒在地面上，然后再均匀撒施20～25千克生石灰，翻地、浇水、铺膜，然后密闭大棚温室15～20天。这样，地表温度可达70℃以上，地下10厘米土层温度可达50～60℃，能较好地杀死土壤中的病菌及线虫。此法适合在连年种植草莓、西瓜、番茄等作物的大棚温室里应用。

八、棚室消毒

1. 物理高温闷棚

换茬后，定植前将棚室密闭7～10天，昼夜不开缝，使温度高达60～70℃，确保棚室表面的病虫杀灭。

2. 化学熏蒸消毒

采用百菌清烟剂（杀菌）、敌敌畏（杀虫）等广谱杀菌杀虫剂熏蒸棚室，杀灭残存病虫。

3. 生物及其他消毒

采用广谱生物熏蒸剂——辣根素、臭氧气体等杀灭棚室残存病虫。

九、定植后管理

1. 温度管理

缓苗期：白天25～28℃，晚上不低于15℃；开花坐果期：白天20～30℃，夜温15～20℃；果实发育期：白天25～30℃，夜温13～17℃。低于15℃和高于35℃都不利于花器的正常发育及开花授粉，易造成落花。低于5℃植株停止生长。

2. 湿度管理

控制空气相对湿度为：缓苗期：80%～90%，开花坐果期：60%～70%，结果期：50%～60%。注意水分管理，勿过干过湿，深冬季节勿大水漫灌。

3.肥水管理

缓苗后及时浇1次缓苗水，水量不宜过大，浇水后，及时中耕。第一穗果开始膨大时为重点追肥期，以氮肥为主，并配施磷钾肥。亩施入磷酸二铵10～15千克或硫酸钾10千克。第一穗果采收后至第二穗果膨大时亩施入三元复合肥或磷酸二铵40～50千克，顺水冲施。以后掌握见干见湿的原则，防止忽干忽湿，一般每间隔8～10天浇水1次，不宜大水漫灌，浇水后要适当加大通风量，降低棚内空气湿度，防止病害发生。

4.保花保果

使用防落素、番茄灵等植物生长调节剂处理花穗，应适当疏果。只处理已开和初开的花朵，勿处理花蕾，以免出现药害。为防治灰霉病烂果，需在花期和浇催果水前用防治灰霉病的药液重点喷花、喷果，也可按0.3%的比例把防治灰霉病的药剂对在喷花生长素中喷花。温度20～25℃时处理效果最好，避开正午空气过干或早晨气温过低时进行。

5.植株调整

采取单干整枝，支架吊蔓。可根据情况留3～4穗果，顶部留2～3片功能叶摘心。随着生长及时去除多余侧杈及老叶、病叶等。

病虫防治详见本书一、二、三中的具体内容。

附录3 精准施药技术

农民朋友们，您配对农药时怎样量取液体农药或者固体农药呢？配对农药的水您量了吗？如果没有量过，结果会怎么样呢？在实际生产过程中，农民朋友大多凭经验随意配药，在这种情况下配对药液加入的农药不是过多就是过少。据调查，因为配药不精准每年可能形成一半以上的农药浪费和经济上的损失。

为了省药省钱，科学防治病虫，最大程度减少农药可能对环境和产品造成的污染，我们建议每位农民朋友都使用精准施药配套量具配对农药。精准施药配套量具能满足您配对各种浓度药液的需要，量具包括5毫升（一次性注射器）、50毫升、500毫升液体量具，10升水（药液）箱和0.1 ～ 10克固体量具，还配有药勺、清洁刷和《精准施药技术要点》。为方便使用，配对各种浓度药液所需药量的速查卡（板）就铸造在水箱盖上，药液箱内部空间设计成不同规格的卡突，以固定存放不同规格的剩余农药，包装箱的横隔板上还铸造有农药和一些其他常用缩略符号，以便农民朋友在配对农药时学习了解相关知识。为便于收藏保管，10升水箱作为本套量具的包装箱，配有背带，便于携带。

怎么知道需要量取的准确药量呢？可以参看速查卡（板）左边，从“对水量”栏找到需要配的药液量，比如12升，再看速查卡（板）上边，从“稀释倍数”栏找到需要配对农药的稀释倍数，比如1 500倍，12升所在行和1 500所在列垂直交叉点的两个“8”即为所要量取的农药毫升或克数，如果速查卡（板）上查不到要配的药液量，比如15升，可按照上面介绍的方法分别查找1升、2升和12升，将三个药量加起来就是15升量，也可以是三个5升药量相加，其他的以此类推。

化学农药的精准施用体现在两个方面，一是农药浓度配对的精确；二是施药过程中的精准。所以最后请您熟记“精准施药技术要点”，细心体会它的含义。精准施药技术要点：“针对病虫选农药，合格器械做保障。对药药水需量准，过浓过稀都不妙。作物表面均匀喷，喷头切忌来回找，雾滴要滴却没滴，防治病虫刚刚好”。

BT2008-Ⅰ型自控臭氧消毒常温烟雾施药机

常温烟雾机及常温烟雾施药技术是发达国家设施园艺防治病虫普遍采用的施药技术，该技术利用高速高压气体或超声波原理在常温下将药液破碎成超微粒子，在设施内充分扩散，长时间悬浮，对病虫进行触杀、熏蒸，同时对棚室内设施进行全面消毒灭菌。不但适宜设施病虫防治，还可用于工业水雾降温、增湿、卫生杀虫、灭菌、防疫和食用菌生产等方面。

常温烟雾施药机

BT2008-I型自控臭氧消毒常温烟雾施药机是在常温烟雾施药机的基础上进一步改进完善，将臭氧发生功能结合为一体并可以电动行走的高科技产品，已获多项国家专利，常温烟雾施药机于2003年曾获国家五部委重点推广新产品证书。它由常温烟雾施药机、臭氧发生器、接力延伸风机和电动行走机构四部分组成。具有自控常温烟雾施药，自控臭氧棚室、空气、土

常温烟雾施药机

壤消毒和助力行走功能。特点如下：

图220 常温烟雾施药机

1.雾滴直径平均30微米左右，在棚室中悬浮0.5～1小时后均匀附着在作物表面，农药利用率高，利于防治病虫。

2.亩施药液3～5升，较常规施药节省农药30%以上，节水近20倍，不增加棚室内空气湿度，阴雨天可以实施烟雾施药，便于更好地控制病害。

3.药液变成烟雾时无需加热，不损失农药有效成分，水剂、油剂、乳剂、可湿性粉剂等能溶于水的剂型均可使用。

4.施药时，操作人员不需进入棚室内，机具微电脑自动控制机头180度双向喷雾，显著降低田间施药的劳动强度，消除农药对人体的损害，省工、省力、效率高。

5.臭氧发生器产生臭氧对棚室、空气和土壤等进行杀虫、灭菌消毒处理，控制病虫源头。广谱、高效、快速、安全、无污染。

6.常温烟雾施药主机和接力延伸风机配套使用，不但可以满足不同长度棚室的施药需要，而且施药更加均匀。

7.常温烟雾施药机、臭氧发生器和接力延伸风机设计为独立部件，均通过快速插拔接口连接，操作使用方便。行走机构主体机架上带有电动车，便于机具运输移动。

色板诱杀技术

色板诱杀是利用害虫对颜色的趋性而开发的一种诱杀害虫的方法，具有简便、无污染、不伤害天敌等优点。采用色板诱杀技术，尽管不能像使用化学农药那样急速扑灭害虫，但能显著减少施药次数和农药用量，减少环境污染，避免药剂对害虫天敌的大量杀害，延缓害虫产生抗药性，是目前控制害虫种群密度最简单有效的方法之一。

目前生产上应用范围较广的色板有黄板和蓝板。黄板主要针对白粉虱、烟粉虱、蚜虫、美洲斑潜蝇、部分蝇类、部分蓟马、黄曲条跳甲等多种微小害虫，使用过程中表现出较好的诱杀作用，蓝板则主要对蓟马的诱杀效果较好。

目前商品色板有塑料和纸质两大类，都自带黏虫胶。纸质色板价格便宜，可以降解，属环保型产品；塑料和其他有机材料制作的色板，成本较高，使用后处理不当会形成新的污染，所以务必注意废弃色板的妥善处理。

此外，根据害虫对颜色的趋性我们可以用废旧三合板、五合板、木板、纸板、油桶、大的饮料瓶等自制可以重复使用的黄板和蓝板，还可以自制诱杀害虫的黄盆和蓝盆，同样可以起到诱杀害虫的作用。

遮阳网覆盖技术

遮阳网又叫遮光网，是一种最新型的农、渔、牧业，防风、盖土等专用的保护覆盖材料，具有抗拉力强、耐老化、耐腐蚀、耐辐射、轻便等特点。夏季覆盖可起到遮光、挡雨、保湿、降温的作用，冬、春季覆盖有一定的保温增湿作用。遮阳网主要应用在夏季，北方多用于夏季蔬菜育苗和夏、秋果菜生产，主要作用是防烈日照射、防暴雨冲击、防高温诱发病毒病、阻止病虫害迁移传播，尤其是对病虫害防控可发挥很好作用。主要用于蔬菜、花卉、食用菌、苗木、药材等作物的保护性栽培和水产家禽养殖业等，对提高产量等有明显效果。

遮阳网主要有黑色和银灰色两种，宽度规格：90、150、160、200、220、250厘米，常用的为12和14两种规格，宽度160～250厘米，每平方米质量45克和49克，使用寿命为3～5年，遮阳网的遮光率因规格不同差异很大，最低遮光率20%，最高遮光率达75%。

防虫网覆盖技术

防虫网是一种用来防治害虫的网状织物，形似窗纱，具有拉力强度大、抗热、耐水、耐腐蚀、耐老化、无毒无味等特点，具有透光、适度遮光等作用，还具有抵御暴风雨冲刷和冰雹侵袭等自然灾害的作用。它最大的用途就是有效阻止常见害虫进入大棚内。精心使用，寿命可达3～5年。防虫网覆盖栽培是一项防虫、增产实用环保型农业新技术，通

带病虫残株无害处理

防虫网

防虫网覆盖大棚

黄板诱杀

精准施药要点

针对病虫选农药
合格器械做保障
对药药水需量准
过浓过稀都不妙
作物表面均匀喷
喷头切忌来回找
雾滴要滴却没滴
防治病虫刚刚好

精准施药

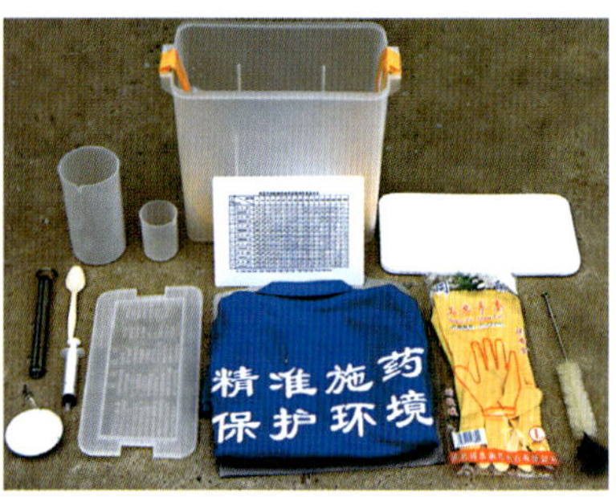

精准施药配套量具

农业垃圾臭氧处理车

色板诱杀

遮阳网覆盖大棚

过在棚架上覆盖防虫网，构建人工隔离屏障将害虫拒之网外，从而切断害虫（成虫）传播、繁殖途径。蔬菜防虫网除具有遮阳网的优点外，还可有效控制各类害虫，如菜青虫、小菜蛾、甜菜夜蛾、斜纹夜蛾、棉铃虫、蚜虫、美洲斑潜蝇、白粉虱等直接为害和由害虫传播的病害。此外，防虫网反射、折射的光对一些害虫还有一定的驱避作用。在苗期使用可提高菜苗的出苗率、成苗率和菜苗质量。

防虫网有不同规格，蔬菜生产用于防治大中型害虫通常使用20～30目、幅宽1～1.8米的防虫网；防治小型害虫则需要40目以上的防虫网才能发挥应有的效果，特别是防治烟粉虱等更小的害虫必须50目以上才能保证其防效。防虫网还有不同颜色，通常白色或银灰色的防虫网效果较好，如果需要强化遮光，可选用黑色防虫网。

带病虫植株残体无害化处理技术

农民朋友都知道，生产完后的蔬菜残体带有很多病菌、害虫和虫卵，如果拉秧后随便乱扔病菌和害虫就会到处传播，影响周边棚室和下茬生产，所以必须进行集中除害处理。可以按一定面积设置菜株残体堆沤发酵处理专用水泥池，放入菜株后盖透明塑料膜，注意透明膜四周压实，膜有破损需粘补以保持堆沤时密闭保温。堆沤时间根据天气状况决定，天气晴好气温较高，堆沤10～20天，阴天多雨则需延长，堆沤温度长时间可达30～75℃，可有效杀灭菜株残体传带的多种病虫。

也可以利用移动式臭氧农业垃圾处理车对拉秧蔬菜等带病虫植株残体进行就地无害化处理。即蔬菜采收结束，将移动式臭氧农业垃圾处理车开到棚室边，将拉秧后带病虫的植株残体粉碎后送到臭氧处理车内将所带病虫全部杀灭后，无病虫有机废弃物就地还田利用。

如果没有条件，最简单的方法是在田间地头找个向阳的高于地面的平台，将蔬菜残体集中堆放后覆盖透明棚膜，膜的四周用土压实防止漏气，膜有破损需用胶带粘补以保持堆沤时密闭保温。在阳光下暴晒10～30天，阴天多雨则需要密闭更长时间，可以杀灭蔬菜残体传带的所有病虫。

参考文献

冯兰香，郑建秋，师迎春. 1998. 番茄、甜（辣）椒、茄子病虫害诊断与防治新技术[M]. 北京：中国标准出版社.

李宝栋，林柏青. 1993. 番茄病虫害防治新技术[M]. 北京：金盾出版社.

张有山，莒明，张腾福，邢堑，齐灵. 1992. 番茄营养生理障害与病虫防治[M]. 北京：北京科学技术出版社.

郑建秋. 2004. 现代蔬菜病虫鉴别与防治手册：全彩版[M]. 北京：中国农业出版社.

图书在版编目（CIP）数据

图说番茄病虫害防治关键技术 / 郑翔，郑建秋编著. — 北京：中国农业出版社，2011.12（2013.11重印）
ISBN 978-7-109-16227-3

Ⅰ. ①图… Ⅱ. ①郑… ②郑… Ⅲ. ①番茄-病虫害防治-图解 Ⅳ. ①S436.412-64

中国版本图书馆CIP数据核字（2011）第220926号

中国农业出版社出版
（北京市朝阳区农展馆北路2号）
（邮政编码 100125）
责任编辑 张洪光 阎莎莎

中国农业出版社印刷厂印刷 新华书店北京发行所发行
2012年1月第1版 2014年1月北京第2次印刷

开本：880mm×1 230mm 1/32 印张：3
字数：85千字 印数：6 001～9 000册
定价：15.00元